普通高等院校建筑电气与智能化专业规划教材

自动控制原理

马鸿雁　主编

中国建材工业出版社

图书在版编目(CIP)数据

自动控制原理/马鸿雁主编.—北京:中国建材工业出版社,2012.8

普通高等院校建筑电气与智能化专业规划教材

ISBN 978-7-5160-0240-7

Ⅰ.①自… Ⅱ.①马… Ⅲ.①自动控制理论—高等学校—教材 Ⅳ.①TP13

中国版本图书馆 CIP 数据核字(2012)第 169766 号

内 容 简 介

本书根据建筑类高等院校自动控制类课程的需求进行编写,主要介绍了经典控制理论的基本概念和方法。全书共7章,内容包括了自动控制系统的一般概念、控制系统的数学模型、控制系统的时域分析法、控制系统的根轨迹法、线性系统的频域分析法、控制系统的校正和自动控制系统实例。每章附有小结和习题,便于读者准确把握每章的重点和要点。

本书适用于应用型本科高等院校自动化、电气工程及其自动化专业“自动控制原理”课程少学时的教学,可作为建筑类高等院校中建筑电气与智能化、建筑环境与设备工程、热能与动力工程、给水排水工程、交通工程等专业的教材,可供从事相关行业自动控制工作的工程技术人员参考。

本教材有配套课件,读者可登录我社网站免费下载。

自动控制原理
马鸿雁 主编

出版发行:中国建材工业出版社
地 址:北京市西城区车公庄大街6号
邮 编:100044
经 销:全国各地新华书店
印 刷:北京盛兰兄弟印刷装订有限公司
开 本:787mm×1092mm 1/16
印 张:8.5
字 数:214 千字
版 次:2012年8月第1版
印 次:2012年8月第1次
定 价:20.00元

本社网址:www.jccbs.com.cn
本书如出现印装质量问题,由我社发行部负责调换。联系电话(010)88386906

本书编委会

主　编　马鸿雁

副主编　胡玉玲　史晓霞　李壮举

前 言

随着科学技术的发展，自动控制技术已经成为许多高新技术产品的核心技术，广泛应用于工程技术领域。因此自动控制理论不仅是自动化、电气工程及其自动化等相关专业的主干课程，也是建筑类高等院校中的许多非自动化类专业的重要基础课程。

建筑类高等院校中建筑环境与设备工程、热能与动力工程、给水排水工程、交通工程等非自动化类专业陆续开设自动控制原理课程，经过多年已基本完成自动控制理论课程体系的建设。本书面向应用型本科院校自动控制原理少学时的学生，从应用的角度介绍了自动控制的基本原理，用不同的分析方法分析系统的各项性能指标，适合于少学时自动控制原理教学的需要。全书共 7 章。第 1 章主要介绍了自动控制系统的一般概念；第 2 章主要介绍了控制系统的数学模型，包括微分方程、传递函数和结构图；第 3 章主要介绍了控制系统的时域分析法，包括一阶系统、二阶系统等的稳定性、动态性能、稳态性能如稳态误差的定量计算和定性分析；第 4 章主要介绍了控制系统的根轨迹法，包括根轨迹绘制原则和参数根轨迹的绘制；第 5 章主要介绍了线性系统频域分析法，重点内容有频率特性的概念，极坐标图和对数坐标图的绘制，奈奎斯特稳定判据及其应用和相对稳定性分析；第 6 章主要介绍了控制系统的校正，包括校正的基本概念、PID 控制器，重点阐述了串联超前校正和串联滞后校正；第 7 章主要介绍了自动控制系统实例。

本书由马鸿雁担任主编，胡玉玲、史晓霞和李壮举共同担任副主编。本书第 1 章、第 4 章和第 6 章由马鸿雁编写，第 2 章由史晓霞编写，第 3 章和第 7 章由李壮举编写，第 5 章由胡玉玲编写。

受编者学识所限，加之时间仓促，不足和错误之处恳请广大读者批评指正。

编者

2012. 6

目　　录

第1章 绪 论

1.1 自动控制系统的一般概念

1.1.1 基本术语

1. 自动控制:在没有人直接参与的条件下,利用控制装置使被控对象(如机器、设备或生产过程)的某些物理量(或工作状态)能自动地按照预定的规律变化(或运行)。

2. 被控对象(受控对象):被控制的机器、设备或生产过程中的全部或一部分。

3. 控制装置(控制器):对被控对象进行控制的设备总体,称为控制装置或控制器。

4. 被控制量(被控量):在控制系统中,按规定的任务需要加以控制的物理量,也称为自动控制系统的输出量。

5. 自动控制系统:自动对被控对象的被控量(或工作状态)进行控制的系统,由被控对象和控制装置组成。

6. 系统输入:作用于控制系统的输入端,并使系统具有预定功能或预定输出的物理量,称为输入量,也称为给定值或参考输入。

7. 扰动输入:干扰或破坏系统按预定规律运行的输入量,也称为干扰输入或扰动量。

1.1.2 反馈及反馈控制

1. 反馈

(1)定义:将检测出来的输出量送回到系统输入端,并与参考输入信号比较产生偏差信号的过程称为反馈。送回到系统输入端的信号称为反馈信号。若反馈信号与参考输入信号的符号相反,称为负反馈;若符号相同,称为正反馈。

(2)偏差信号(误差信号)$e(t)$:参考输入信号$r(t)$和反馈信号$b(t)$(反馈信号可以是输出信号本身,也可以是输出信号的函数或导数)之差。

2. 反馈控制

(1)反馈控制:采用负反馈并利用偏差进行控制的过程,称为反馈控制。误差信号加到控制器上,以减小系统的误差,并使系统的输出量趋于所希望的值。反馈控制应用反馈作用来减小系统的误差。

反馈控制实质上是一个按偏差进行控制的过程,也称为按偏差控制,反馈控制原理也就是按偏差控制原理。

(2)负反馈控制原理:检测偏差用以消除偏差。根据偏差信号产生相应的控制作用,力图消除或减少偏差的过程。负反馈控制原理是构成闭环控制系统的核心。

3. 反馈控制系统

(1)基本组成

反馈控制系统包含被控对象和控制装置两个部分,基本组成如图1-1所示。控制装置

由具有一定职能的各种基本元件组成,按职能分类主要有以下几种:

1)测量元件(检测元件):一般为传感器,其职能是测量被控制的物理量,产生与被控制量有一定函数关系的信号。如果这个物理量是非电量,一般再转换为电量。例如:湿敏传感器是利用"湿—电"效应来检测湿度,并将其转换成电信号;热电偶是用于检测温度并转换为电压等。测量元件通常是系统的反馈元件。

2)给定元件:给出与期望的被控量相对应的系统控制输入量,这个量的量纲要与主反馈信号的量纲相同。

3)比较元件:把测量元件检测的被控量实际值即反馈信号 $b(t)$ 与给定元件给出的控制量即参考输入信号 $r(t)$ 进行比较,求出它们之间的偏差信号 $e(t)=r(t)-b(t)$。用⊗(○)表示。常用的比较元件有差动放大器、机械差动装置和电桥等。有些比较元件与测量元件是结合在一起的。

4)放大元件:将比较元件给出的偏差信号 $e(t)$ 进行放大以及信号形式的变换,用来推动执行元件去控制被控对象。如电压偏差信号,可用电压放大器和功率放大器加以放大。

5)执行元件(执行机构):直接推动被控对象,使其被控量发生变化。执行元件有:阀、电动机、液压马达等。

6)校正元件:亦称补偿元件,是使结构或参数便于调整的元件,用串联或反馈的方式连接在系统中,以改善系统性能。

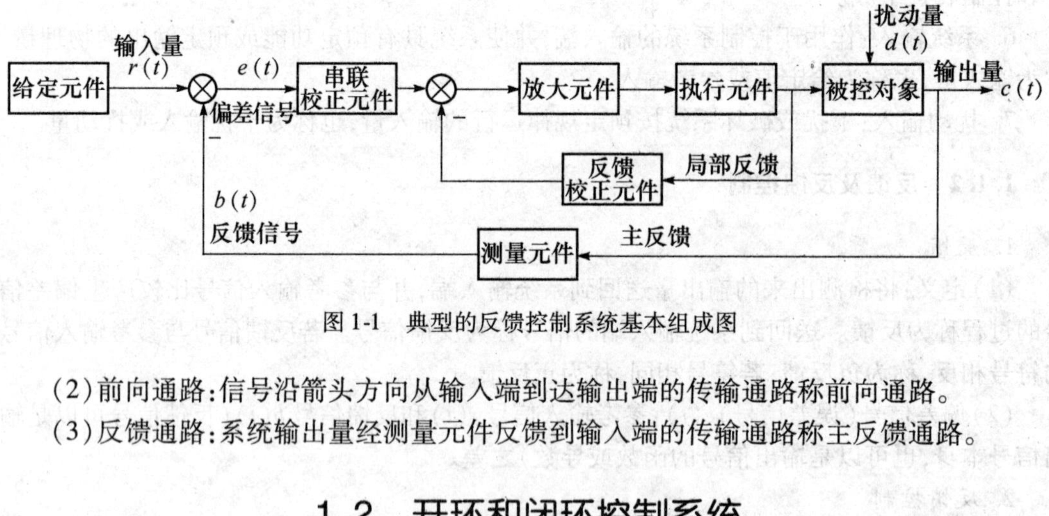

图 1-1 典型的反馈控制系统基本组成图

(2)前向通路:信号沿箭头方向从输入端到达输出端的传输通路称前向通路。

(3)反馈通路:系统输出量经测量元件反馈到输入端的传输通路称主反馈通路。

1.2 开环和闭环控制系统

自动控制最基本的两种控制方式是开环控制和闭环控制,因此自动控制系统相应的有开环控制系统和闭环控制系统。

1.2.1 开环控制系统

1. 开环控制系统

系统参考输入量和输出量之间只有前向通路,不存在反馈回路,输出量对系统的控制作用没有影响,这样的系统称为开环控制系统。开环控制系统又分为无扰动补偿和有扰动补偿两种。

(1)无扰动补偿的开环控制系统

无扰动补偿的开环控制系统原理方框图如图 1-2(a)所示。信号由输入信号到输出信号单向传递，对扰动引起的误差无补偿作用。这种方式结构简单，适用于结构参数稳定、扰动信号较弱的场合。

(2)有扰动补偿的开环控制系统

有扰动补偿的开环控制系统如图1-2(b)所示，称为按扰动补偿的控制系统—前馈控制系统。如果扰动(干扰)能测量出来，则可以采用按干扰补偿的控制方式。其控制原理是：需要控制的是被控对象的被控量，而测量的是破坏系统正常运行的干扰信号。利用干扰信号产生控制作用，以补偿干扰对被控量的影响，故称干扰补偿。由于扰动信号经测量装置、控制器至被控对象是单向传递的，所以属于开环控制。对于不可测扰动及各元件内部参数变化给被控制量造成的影响，系统无抑制作用。

2. 优、缺点

(1)优点：结构简单、成本低。

(2)缺点：抗干扰能力差，控制精度低。

3. 适用场合

开环控制系统适用于干扰不强烈、控制精度要求不高的场合。

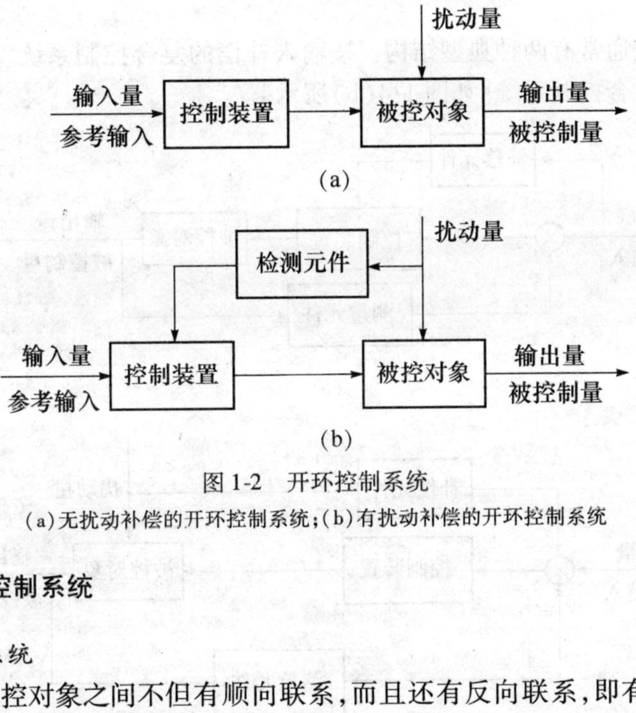

图1-2　开环控制系统

(a)无扰动补偿的开环控制系统；(b)有扰动补偿的开环控制系统

1.2.2　闭环控制系统

1. 闭环控制系统

控制装置与被控对象之间不但有顺向联系，而且还有反向联系，即有被控量(输出量)对控制过程的影响，这种控制称为闭环控制，相应的控制系统称为闭环控制系统，如图1-3所示。闭环控制系统也称为反馈控制系统。

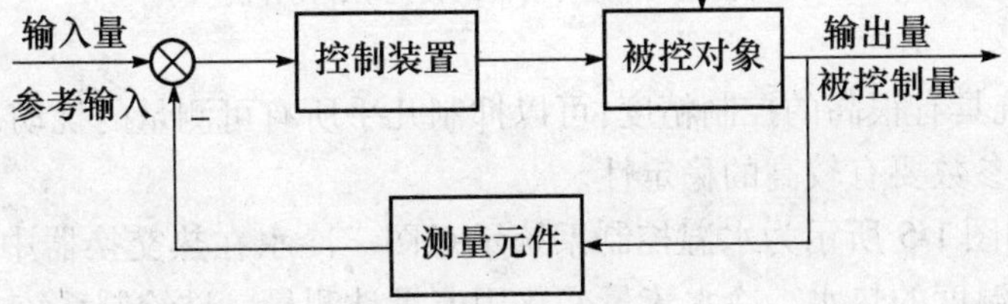

图1-3　闭环控制系统

2. 控制实质

闭环控制的控制实质是按偏差控制,即检测偏差并纠正偏差。闭环控制系统不论造成偏差的扰动来自外部还是内部,控制作用总是使偏差趋于减小。

3. 优、缺点

(1)优点:具有自动修正输出量偏差的能力,抗干扰性能好,控制精度高。

(2)缺点:结构复杂,如果结构和参数设计不合理,系统将有可能不稳定。

4. 适用场合

闭环控制系统适用于干扰大且无法预知、控制精度要求高的场合。

1.2.3　复合控制系统

1. 复合控制系统

当闭环控制系统不能满足系统性能要求时,采用复合控制系统。复合控制系统是开环控制与闭环控制相结合的一种控制系统。在闭环控制的基础上引入一条由给定输入信号或扰动信号所构成的顺馈(前馈)通路。顺馈通路相当于开环控制。

2. 典型结构

复合控制系统通常有两种典型结构。按输入补偿的复合控制系统[如图 1-4(a)所示]和按扰动补偿的复合控制系统[如图 1-4(b)所示]。

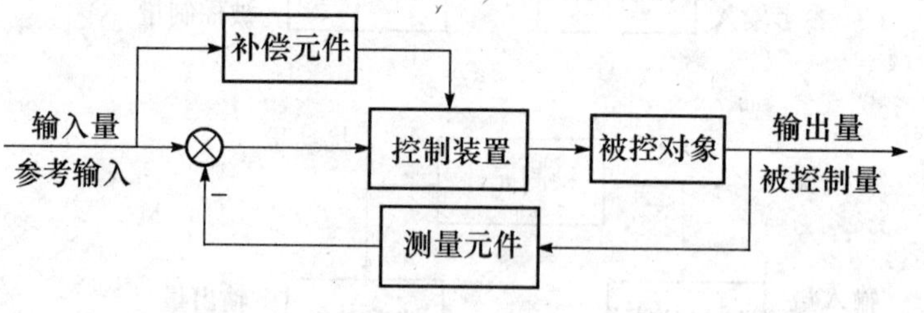

(a)

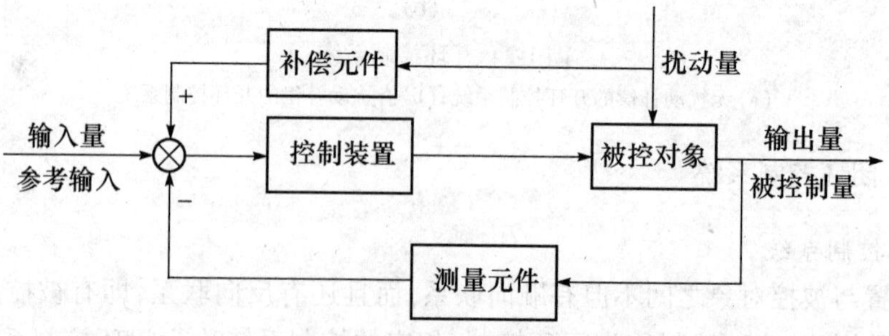

(b)

图 1-4　复合控制系统

(a)按输入作用补偿;(b)按扰动作用补偿

3. 特点

复合控制系统具有很高的控制精度;可以抑制几乎所有可测量的扰动,其中包括低频强扰动;补偿元件的参数要有较高的稳定性。

[例 1-1]　如图 1-5 所示为水温控制系统示意图。冷水在热交换器中由通入的蒸汽加热,从而得到一定温度的热水。冷水流量变化用流量计测量。试绘制系统方框图,并说明为

了保持热水温度为期望值,系统是如何工作的?系统的被控对象和扰动量各是什么?

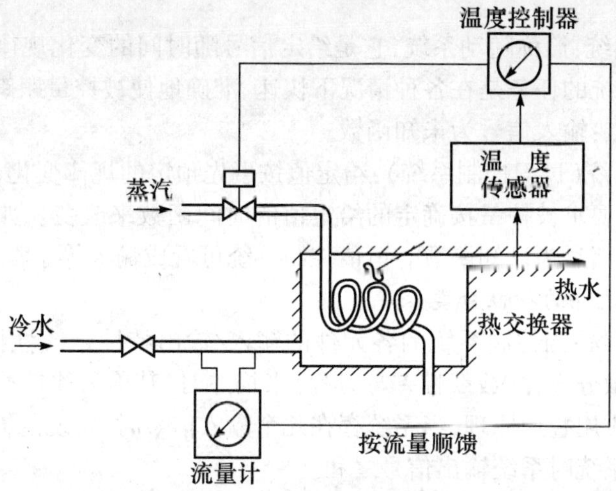

图 1-5　水温控制系统示意图

解:工作原理:温度传感器不断测量热交换器出口处的实际水温,并在温度控制器中与给定温度相比较,若低于给定温度,其偏差值使蒸汽阀门开大,进入热交换器的蒸汽量加大,热水温度升高,直至偏差为零。如果由于某种原因,冷水流量加大,则流量值由流量计测得,通过温度控制器,开大阀门,使蒸汽量增加,提前进行控制,实现按冷水流量进行顺馈补偿,保证热交换器出口的水温不发生大的波动。系统方框图如图 1-6 所示,是按干扰补偿的复合控制系统。

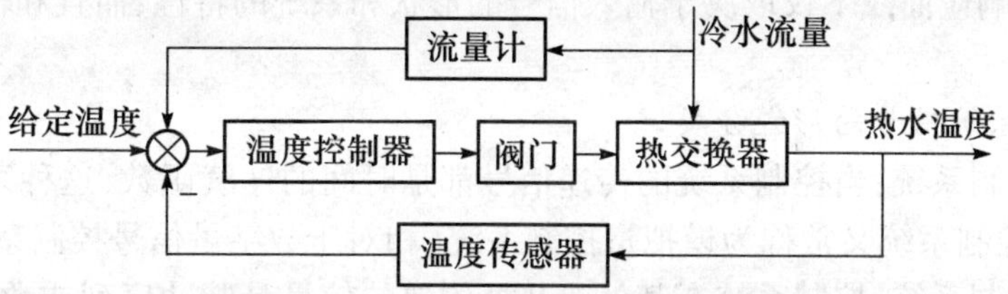

图 1-6　水温控制系统方框图

其中,热交换器是被控对象,实际热水温度为被控量,给定量(希望温度)在温度控制器中设定;冷水流量是扰动量。

1.3　控制系统的分类及基本要求

1.3.1　控制系统的分类

1. 按控制方式分类

(1)开环控制系统

(2)闭环控制系统

2. 按输入信号的特征分类

(1)恒值控制系统:该自动控制系统的任务是保持被控量恒定不变,也就是使被控量在控制过程结束时,被控量等于给定值。如各种恒温、恒压、恒液位等控制。特点:输入信号为恒值。

(2)随动控制系统:简称随动系统,它是给定信号随时间的变化规律事先不能确定的控制系统,随动控制系统的任务是在各种情况下快速、准确地使被控量跟踪给定值的变化。如位置控制系统。特点:输入信号为未知函数。

(3)程序控制系统(过程控制系统):给定值按事先预定的规律变化,是一个已知的时间函数,控制的目的是要求被控量按确定的给定值的时间函数来改变。如加热炉自动温度控制系统。特点:输入信号为已知函数。恒值控制系统可看成输入等于常值的程序控制系统。

3. 按控制系统元件的特性分类

(1)线性控制系统:当控制系统的各元件的输入/输出特性是线性特性,控制系统的动态过程可以用线性微分方程(或线性差分方程)来描述时,其称为线性控制系统。线性控制系统的特点是可以应用叠加原理,当系统存在几个输入信号时,系统的输出信号等于各个输入信号分别作用于系统时系统输出信号之和。

(2)非线性控制系统:当控制系统中有一个或一个以上的非线性元件时,系统的特性就要用非线性方程来描述,由非线性方程描述的控制系统称为非线性控制系统。非线性控制系统不能应用叠加原理。

4. 按系统参数是否随时间变化分类

(1)定常系统:如果描述线性系统的线性微分方程的系数是不随时间而变化的常数,则这种线性控制系统称为线性定常系统,这种系统的响应曲线只取决于输入信号的形状和系统的特性,而与输入信号施加的时间无关。

(2)时变系统:若线性微分方程的系数是时间的函数,则这种线性系统称为线性时变系统,这种系统的响应曲线不仅取决于输入信号的形状和系统的特性,而且和输入信号施加的时间有关。

5. 按控制系统信号的形式分类

(1)连续控制系统:当控制系统的传递信号都是时间的连续函数,这种系统称为连续控制系统。连续控制系统又常称为模拟量控制系统(相对于数字量信号控制系统而言)。

(2)离散控制系统:控制系统在某处或几处传递的信号是脉冲序列或数字形式的,在时间上是离散的,其称为离散控制系统。

自动控制系统的分类方法还有很多,此处不一一列举。

1.3.2 控制系统的基本性能要求

当自动控制系统受到各种干扰(扰动)或人为要求给定值(参考输入)改变时,被控量就会发生变化,偏离给定值。通过系统的自动控制作用,经过一定的过渡过程,被控量又恢复到原来的稳态值或稳定到一个新的给定值。这时系统从原来的平衡状态过渡到一个新的平衡状态,被控量在变化中的过渡过程称为动态过程(即随时间而变的过程),被控量处于平衡状态时称为静态或稳态。

1. 动态特性

一般的自动控制系统被控量变化的动态特性有以下几种:

(1)单调过程。被控量 $y(t)$ 单调变化(即没有"正"、"负"的变化),缓慢地到达新的平衡状态(新的稳态值),如图 1-7(a)所示,一般这种动态过程具有较长的动态过程时间(即到达新的平衡状态所需的时间)。

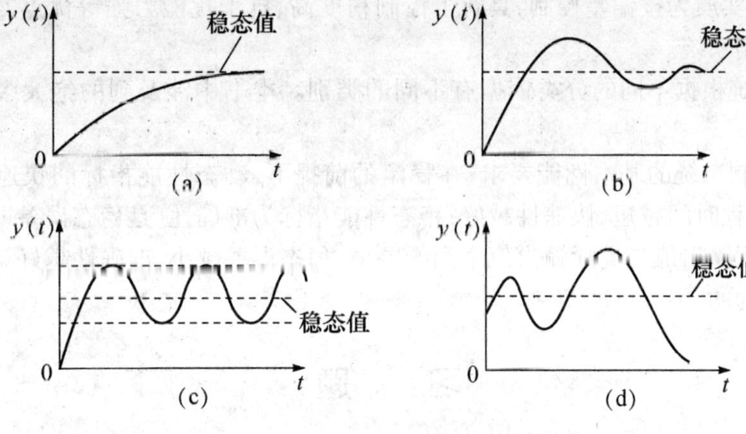

图 1-7 自动控制系统被控量的动态特性

(a)单调过程;(b)衰减振荡过程;(c)等幅振荡过程;(d)发散振荡过程

(2)衰减振荡过程。被控量 $y(t)$ 的动态过程是一个振荡过程,振荡的幅度不断衰减,到过渡过程结束时,被控量会达到新的稳态值。这种过程的最大幅度称为超调量,如图 1-7(b)所示。

(3)等幅振荡过程。被控量 $y(t)$ 的动态过程是一个持续等幅振荡过程,始终不能达到新的稳态值,如图 1-7(c)所示。这种过程如果振荡的幅度较大,生产过程不允许,则认为是一种不稳定的系统,如果振荡的幅度较小,生产过程可以允许,则认为是稳定的系统。

(4)发散振荡过程。被控量 $y(t)$ 的动态过程不但是一个振荡的过程,而且振荡的幅度越来越大,以致会大大超过被控量允许的误差范围,如图 1-7(d)所示,这是一种典型的不稳定过程,设计自动控制系统时要绝对避免产生这种情况。

2. 控制系统的性能要求

(1)稳定性:稳定性是保证控制系统正常工作的先决条件。所谓系统稳定,就是当系统受到扰动作用后,系统的被控量虽然偏离了原来的平衡状态,但当扰动一消除,经过一定的时间后,如果系统仍能回到原来的平衡状态,则称系统是稳定的。如稳定的恒值控制系统,被控量偏离期望的初始偏差应随时间的增长而逐渐减小并趋于零。

(2)快速性:快速性为系统过渡过程的时间,过渡过程的时间越短越好。

(3)准确性(精确性):准确性指系统的稳态精度,用稳态误差来表示。稳态误差为控制系统进入稳定状态后,系统的期望输出与实际输出之间的差值。稳态误差值越小,准确性越好。

由于被控对象的不同,系统对性能要求的侧重点也不同。随动控制系统对快速性和准确性要求较高,恒值控制系统一般侧重于稳定性能和抗扰动的能力。各项性能指标间是相互制约的,系统动态响应的快速性、准确性和动态稳定性之间是相互矛盾的。

本章小结

本章介绍了自动控制系统中的术语及反馈控制系统的组成。

1. 控制系统的基本形式有:开环控制系统和闭环控制系统。开环控制系统的优缺点,按干扰补偿的开环控制系统属于前馈控制系统。闭环控制系统因为有了反馈，也称为反馈控制系统，控制实质为按偏差控制，具有了控制精度高、抗干扰能力强等优点。目前实际系统多为闭环控制系统。

2. 控制系统根据不同的分类依据有不同的类别。本书中涉及到的绝大多数系统为线性定常系统。

3. 自动控制系统的基本性能要求：在稳定的前提下，动态性能指标的快速性为过渡过程时间，过渡过程时间越短，快速性越好；稳态性能指标为准确性，是稳态误差即系统进入稳态后系统的期望输出值与实际输出值之间的差值，稳态误差越小，准确性越好。系统的性能指标是相互制约的。

习　题

1-1　试列举家用电器中的开环控制系统和闭环控制系统，说明其工作原理并画出相应的示意图。

1-2　开环控制系统和闭环控制系统各有什么特点？

1-3　试分析家用电冰箱的控制方式是开环还是闭环控制方式？

1-4　图 1-8 是液位自动控制系统的原理示意图。在任何情况下，希望液面高度 H 维持不变，试说明系统工作原理。

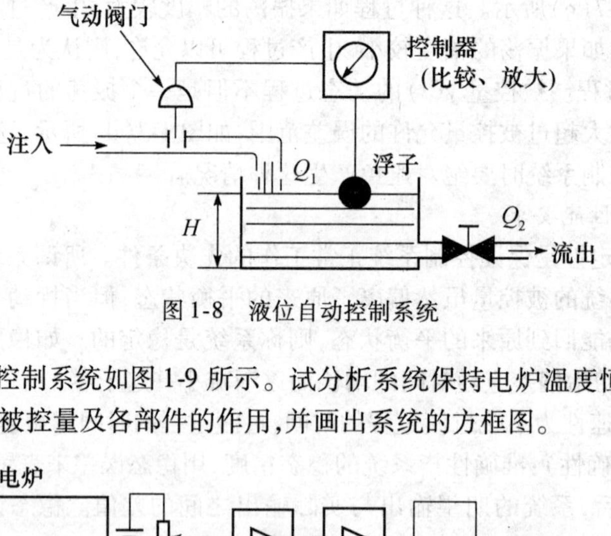

图 1-8　液位自动控制系统

1-5　电炉温度控制系统如图 1-9 所示。试分析系统保持电炉温度恒定的工作过程，指出系统的被控对象、被控量及各部件的作用，并画出系统的方框图。

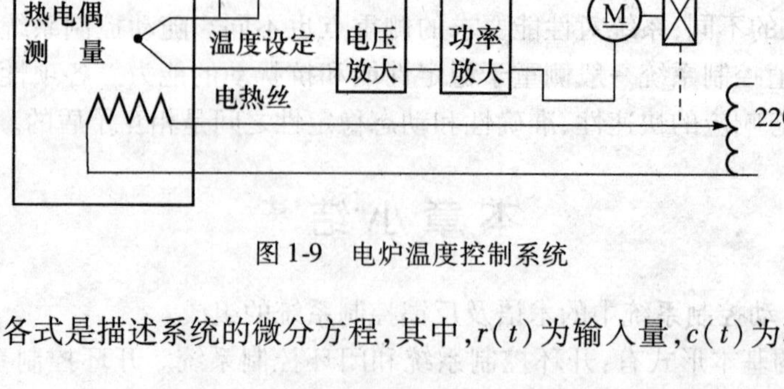

图 1-9　电炉温度控制系统

1-6　下列各式是描述系统的微分方程，其中，$r(t)$ 为输入量，$c(t)$ 为输出量，试判断下列哪个方程表示的系统为线性定常系统，哪个是非线性系统？

(1) $c(t)=5+r^2(t)+t\dfrac{\mathrm{d}^2 r(t)}{\mathrm{d}t^2}$

(2) $c(t)=3r(t)+6\dfrac{\mathrm{d}r(t)}{\mathrm{d}t}+5\int_{-\infty}^{t} r(\tau)\mathrm{d}\tau$

(3) $c(t)=\cos\omega t\cdot r(t)+5$

(4) $c(t)=\begin{cases}0 & t<6\\ r(t) & t\geqslant 6\end{cases}$

第2章　控制系统的数学模型

自动控制系统是由控制对象、执行机构、放大器、检测装置和控制器等组成的。为了研究自动控制系统的运动特性,对系统进行定量分析,进而探讨改善系统性能的具体方法,首先必须建立控制系统的数学模型。数学模型就是用数学的方法和形式来表示和描述系统中各变量间的关系。经典控制理论和现代控制理论都以数学模型为基础。

控制系统的数学模型分为静态数学模型和动态数学模型。静态数学模型是在静态条件下(即变量各阶导数为零),描述变量之间关系的数学表达式;动态数学模型是在动态过程中(即变量各阶导数不为零)描述诸变量动态关系的数学表达式。分析和设计控制系统时,常用的动态数学模型有微分方程、差分方程、传递函数、动态结构图、信号流图、脉冲响应函数、频率特性等。

建立控制系统数学模型的方法有解析法和实验法。解析法是对系统各部分的运动机理进行分析,根据它们所依据的物理规律和化学规律列写相应的运动方程。实验法是人为地给系统施加某种测试信号且记录其响应,并用适当的数学模型去模拟,这种方法称为系统辨识。本章只研究用解析法建立线性定常系统数学模型的方法。

本章主要讨论线性定常且集总参数系统的数学模型,从系统的时域数学模型——微分方程入手,重点研究动态系统的复频域数学模型——传递函数以及系统的动态结构图。

2.1　微分方程

微分方程是描述各种控制系统动态特性的最基本的数学工具,也是后面讨论的各种数学模型的基础。因此,本节将着重介绍描述线性定常控制系统的微分方程的建立和求解方法,以及非线性微分方程的线性化问题。

用解析法列写系统或元件微分方程的一般步骤是:

(1)根据实际工作情况,确定系统或各元器件的输入变量和输出变量。

(2)从输入端开始,按照信号传递的顺序,依据各元器件所遵循的物理或化学定律,依次列写出系统中各元器件的动态方程,一般为微分方程组。

(3)消去中间变量,得到描述系统输出量与输入量(包括扰动量)关系的微分方程。

(4)标准化。即将微分方程中与输出量有关的各项写在方程的左端,将与输入量有关的各项写在方程的右端,方程两边各阶导数按降幂排列,最后将系数整理规范为具有一定物理意义的形式。

[**例2-1**]　列写如图2-1所示 *RC* 网络的微分方程

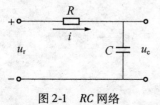

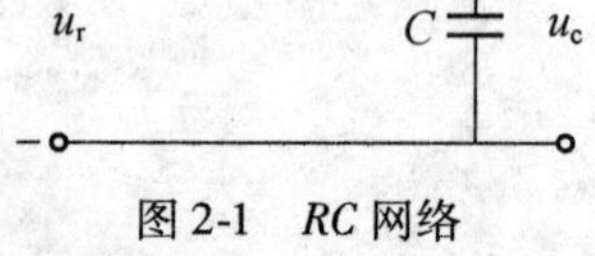

图2-1　*RC* 网络

解:(1)明确输入、输出量

网络的输入量为 u_r,输出量为 u_c。

(2)建立输入、输出量的动态联系

根据电路理论的KVL,任一时刻任一回路电压降的代数和等于电压升的代数和,则得:

$$u_r = Ri + u_c \tag{2-1}$$

而
$$i = C\frac{du_c}{dt} \tag{2-2}$$

(3)消去中间变量

将(2-2)代入式(2-1)整理为:

$$RC\frac{du_c}{dt} + u_c = u_r \tag{2-3}$$

(4)标准化微分方程

令 $T = RC$ 为时间常数,可将式(2-3)改写成:

$$T\frac{du_c}{dt} + u_c = u_r \tag{2-4}$$

这就是图 2-1*RC* 网络的动态数学模型,是一个一阶常系数非齐次微分方程。等号右端为输入量所在项,左端为输出项。

[**例 2-2**]　图 2-2 表示一个含有弹簧、运动部件、阻尼器的机械位移装置。其中 k 是弹簧系数,m 是运动部件质量,f 是阻尼器的阻尼系数,外力 F 是系统的输入量,位移 y 是系统的输出量,试确定系统的微分方程。

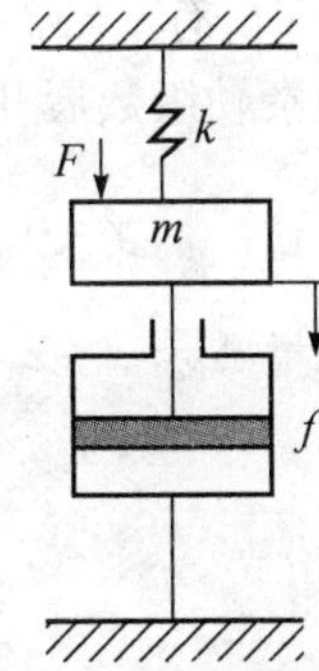

图 2-2　弹簧-质量-阻尼器机械位移系统

解:根据牛顿运动定律,运动部件在外力作用下克服弹簧拉力 ky,阻尼器的阻力 $f\frac{dy}{dt}$,将产生加速度力 $m\frac{d^2y}{dt^2}$,所以系统的运动方程为:

$$m\frac{d^2y}{dt^2} + f\frac{dy}{dt} + ky = F \tag{2-5}$$

将方程两边同除以 k,式(2-5)可写为:

$$\frac{m}{k}\frac{d^2y}{dt^2} + \frac{f}{k}\frac{dy}{dt} + y = \frac{1}{k}F \tag{2-6}$$

令 $T = \sqrt{\frac{m}{k}}$ 为时间常数,$\xi = \frac{f}{2\sqrt{mk}}$ 为阻尼比,$K = \sqrt{\frac{1}{k}}$ 为放大系数,则式(2-6)为:

$$T^2\frac{d^2y}{dt^2} + 2\xi T\frac{dy}{dt} + y = KF \tag{2-7}$$

这是一个二阶线性常微分方程。实践证明,不同类型的元件或系统可以有相同的微分方程,这也说明利用数学模型可以撇开具体系统的物理特性,对系统进行普遍意义的分析研究。

列写的动态方程正确与否,决定于对被分析对象工作原理是否了解得充分与正确,本节只是提供了列写方程的一般步骤和方法。

2.2　非线性方程的线性化

我们在建立系统数学模型时,既要使模型能准确、全面地描述系统,又要使建立起来的模型便于用数学方法进行定量分析和讨论。严格来说，实际物理系统都具有不同程度的非线性特性，理想的线性系统是不存在的。而非线性微分方程没有通用的解析求解方法，利用计算机可以对具体的非线性问题近似计算出结果，但难以求得各类非线性系统的普遍规律。因此，工程中常采用线性化的方法对非线性特性进行简化，即如果所研究的问题是系统在某一静态工作点附近的性能，可以在该静态工作点附近将非线性特性用静态工作点处的切线来代替，使相应的非线性微分方程用线性微分方程代替，这就是非线性特性的线性化，所采用的方法通常称为“小偏差法”或“小信号法”。

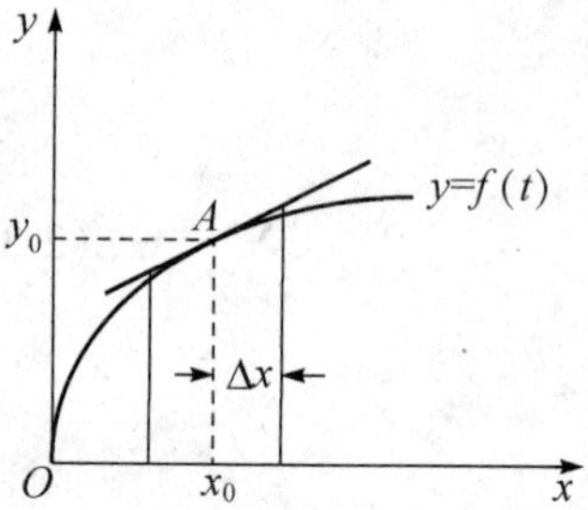

图 2-3　小偏差线性化示意图

设具有连续变化的非线性函数 $y=f(x)$，如图 2-3 所示。取某平衡状态 A 为静态工作点，对应有 $y_0=f(x_0)$。当 $x=x_0+\Delta x$ 时，有 $y=y_0+\Delta y$。设函数 $y=f(x)$ 在 (x_0,y_0) 附近连续可微，则可将函数在 (x_0,y_0) 附近用泰勒级数展开为：

$$y=f(x)=f(x_0)+\left.\frac{\mathrm{d}f}{\mathrm{d}x}\right|_{x=x_0}(x-x_0)+\frac{1}{2!}\cdot\left.\frac{\mathrm{d}^2f}{\mathrm{d}x^2}\right|_{x=x_0}(x-x_0)^2+\cdots$$

当变化量 $\Delta x=x-x_0$ 很小时，可忽略上式中二次以上各项，则有：

$$y=y_0+K(x-x_0) \tag{2-8}$$

或写为：

$$\Delta y=K\,\Delta x \tag{2-9}$$

其中，$y_0=f(x_0)$，$K=\frac{\mathrm{d}f}{\mathrm{d}x}\big|_{x=x_0}$，$\Delta y=y-y_0$，$\Delta x=x-x_0$。式(2-9)是非线性函数 $y=f(x)$ 的线性化表示。

可以看出，非线性函数 $f(x)$ 在 x_0 处连续可导，是小偏差线性化方法可用性的前提条件。

对于具有两个自变量的非线性函数 $y=f(x_1,x_2)$，同样可在某静态工作点 (x_{10},x_{20}) 附近用泰勒级数展开，同理可得线性化增量方程为：

$$\Delta y=\left.\frac{\partial f}{\partial x_1}\right|_{\substack{x_1=x_{10}\\x_2=x_{20}}}\cdot\Delta x_1+\left.\frac{\partial f}{\partial x_2}\right|_{\substack{x_1=x_{10}\\x_2=x_{20}}}\cdot\Delta x_2 \tag{2-10}$$

在研究非线性方程线性化时要注意以下几点：

(1)本节介绍的线性化方法只适用于不太严重的非线性系统，其非线性函数要满足连续可微的条件。

(2)线性化方程中的参数 K 与系统的静态工作点有关，工作点不同时，相应的参数也不相同。

(3)当变量变化范围较大时，用这种方法建立数学模型引起的误差也较大。因此只有当变量变化较小时才能使用。

(4)对于严重的非线性，如继电特性等本质非线性，因不满足泰勒级数展开条件，故不能做线性化处理，必须用后面非线性方法进行分析。

2.3　传递函数

建立了系统的动态数学模型——微分方程，微分方程是在时间域描述系统动态性能的数学模型，在给定外部作用和初始条件下，求解微分方程可以得到系统的输出响应。这种方法比较直观，特别是借助计算机可以迅速而准确地求得结果。但是如果系统的结构改变或某个参数变化时，就要重新列写并求解微分方程，不便于对系统进行分析和设计。

拉普拉斯（Laplace）变换（简称拉氏变换）是求解线性常微分方程的有力工具，它可以将时域（t）的微分方程转化为复频域（s）中的代数方程，并且可以得到控制系统在复频域的数学模型——传递函数。传递函数是经典控制理论中最基本和最重要的概念，也是经典控制理论中两大分支——根轨迹法和频率法的基础。利用传递函数不必求解微分方程，就可以研究初始条件为零的系统在输入信号作用下的动态过程。传递函数不仅可以表征系统的动态性能，而且可以用来研究系统的结构或参数变化对系统性能的影响。

2.3.1　拉氏变换

拉氏变换是传递函数的数学基础，因此在讨论传递函数之前先介绍一下相关的拉氏变换的概念、性质。

1. 拉氏变换的定义

一个定义在[0，∞)区间的函数 $f(t)$，它的拉普拉斯变换式 $F(s)$ 定义为：

$$F(s) = L[f(t)] = \int_0^{\infty} f(t)e^{-st}\mathrm{d}t \tag{2-11}$$

式中，$s=\sigma+j\omega$ 为复数，$F(s)$ 称为 $f(t)$ 的象函数，$f(t)$ 称为 $F(s)$ 的原函数。

另外，有拉氏反变换：

$$f(t) = L^{-1}[F(s)] = \frac{1}{2\pi j}\int_{\sigma-j\infty}^{\sigma+j\infty} F(s)e^{st}dt \tag{2-12}$$

2. 几种典型函数的拉氏变换

在对控制系统进行理论分析时，常采用一些典型的、简单的时间函数作为指令或干扰信号，即单位脉冲函数，单位阶跃函数、单位斜坡函数、等加速度函数、指数函数以及正弦函数等。下面给出其拉氏变换。

(1)单位脉冲函数

单位脉冲函数的数学表达式为：

$$\begin{cases} \delta(t) = \begin{cases} 0 & (t \neq 0) \\ \infty & (t = 0) \end{cases} \\ \int_{-\infty}^{\infty} \delta(t)dt = 1 \end{cases} \tag{2-13}$$

其拉氏变换为：

$$F(s) = L[f(t)] = \int_{0-}^{\infty} \delta(t)e^{-st}\mathrm{d}t = \int_{0-}^{0+} \delta(t)e^{-st}\mathrm{d}t = e^{-s(0)} = 1 \tag{2-14}$$

(2)单位阶跃函数

单位阶跃函数的数学表达式为：

$$f(t) = \varepsilon(t) = \begin{cases} 0 & (t \leqslant 0_-) \\ 1 & (t \geqslant 0_+) \end{cases} \tag{2-15}$$

则拉氏变换为：

$$F(s) = L[\varepsilon(t)] = \int_{0-}^{+\infty} \varepsilon(t)e^{-st}\mathrm{d}t = \int_{0-}^{+\infty} e^{-st}\mathrm{d}t = -\frac{1}{s}e^{-st}\Big|_{0-}^{\infty} = \frac{1}{s} \tag{2-16}$$

(3)单位斜坡函数

单位斜坡函数的数学表达式为:

$$f(t)=t\cdot\varepsilon(t)=\begin{cases}0 & (t\leqslant 0_-)\\ t & (t\geqslant 0_+)\end{cases} \tag{2-17}$$

则拉氏变换为:

$$F(s)=L[t\cdot\varepsilon(t)]=\int_{0-}^{+\infty}t\cdot\varepsilon(t)e^{-st}\mathrm{d}t=\int_{0-}^{+\infty}t\cdot e^{-st}\mathrm{d}t=-\frac{t}{s}e^{-st}\bigg|_0^{\infty}+\int_0^{\infty}\frac{1}{s}e^{-st}\mathrm{d}t=\frac{1}{s^2} \tag{2-18}$$

(4)等加速度函数

等加速度函数的数学表达式为:

$$f(t)=\frac{1}{2}t^2\cdot\varepsilon(t) \tag{2-19}$$

则拉氏变换为:

$$F(s)=L\left[\frac{1}{2}t^2\cdot\varepsilon(t)\right]=\int_{0-}^{+\infty}\frac{1}{2}t^2\cdot\varepsilon(t)\cdot e^{-st}\mathrm{d}t=\frac{1}{s^3} \tag{2-20}$$

(5)指数函数 e^{at}

指数函数的拉氏变换为:

$$F(s)=L[f(t)]=\int_{0-}^{\infty}e^{at}e^{-st}\mathrm{d}t=-\frac{1}{s-a}e^{-(s-a)t}\bigg|_{0-}^{\infty}=\frac{1}{s-a} \tag{2-21}$$

(6)正弦函数 $\sin\omega t$

其拉氏变换为:

$$F(s)=L[\sin\omega t]=\int_{0-}^{\infty}\sin\omega t e^{-st}dt=-\frac{e^{-st}}{s^2+\omega^2(s\sin\omega t+\omega\cos\omega t)}\bigg|_{0-}^{\infty}=\frac{\omega}{s^2+\omega^2} \tag{2-22}$$

3. 拉氏变换的基本性质

(1)线性性质

设 $f_1(t)$ 和 $f_2(t)$ 是两个任意的时间函数,它们的象函数分别为 $F_1(s)$ 和 $F_2(s)$,A_1 和 A_2 是两个任意实常数,则:

$$L[A_1f_1(t)+A_2f_2(t)]=A_1L[f_1(t)]+A_2L[f_2(t)]=A_1F_1(s)+A_2F_2(s) \tag{2-23}$$

(2)微分性质

设 $F(s)=L[f(t)]$,则有:

$$\begin{aligned}&L\left[\frac{\mathrm{d}f(t)}{\mathrm{d}t}\right]=sF(s)-f(0)\\&L\left[\frac{\mathrm{d}^2f(t)}{\mathrm{d}t^2}\right]=s^2F(s)-sf(0)-f'(0)\\&\cdots\\&L\left[\frac{\mathrm{d}^nf(t)}{\mathrm{d}t^n}\right]=s^nF(s)-s^{n-1}f(0)-s^{n-2}f'(0)-\cdots-f^{n-1}(0)\end{aligned} \tag{2-24}$$

式中,$f(0)$,$f'(0)$,…,$f^{(n-1)}(0)$ 为函数 $f(t)$ 及其各阶导数在 $t=0$ 时的值。当这些值为零时,则有:

$$L\left[\frac{\mathrm{d}f(t)}{\mathrm{d}t}\right]=sF(s)$$

$$L\left[\frac{\mathrm{d}^2f(t)}{\mathrm{d}t^2}\right]=s^2F(s)\tag{2-25}$$

$$\cdots$$

$$L\left[\frac{\mathrm{d}^nf(t)}{\mathrm{d}t^n}\right]=s^nF(s)$$

(3)积分性质

设 $F(s)=L[f(t)]$,则有:

$$L\left[\int_0^t f(\tau)\mathrm{d}\tau\right]=\frac{1}{s}L[f(t)]=\frac{1}{s}F(s)\tag{2-26}$$

(4)初值定理

函数 $f(t)$ 在 $t=0$ 时的函数值可以通过 $f(t)$ 的拉氏变换 $F(s)$ 乘以 s 取 $s\to\infty$ 时的极限而得到,即:

$$\lim_{t\to 0}f(t)=f(0)=\lim_{s\to\infty}sF(s)\tag{2-27}$$

(5)终值定理

函数 $f(t)$ 在 $t\to+\infty$ 时的函数值可以通过 $f(t)$ 的拉氏变换 $F(s)$ 乘以 s 取 $s\to 0$ 时的极限而得到,即:

$$\lim_{t\to+\infty}f(t)=f(+\infty)=\lim_{s\to 0}sF(s)\tag{2-28}$$

2.3.2　传递函数

1. 传递函数的定义

线性定常系统在零初始条件下,系统输出量的拉氏变换与输入量的拉氏变换之比,称为该系统的传递函数,通常用 $G(s)$ 或 $\Phi(s)$ 表示。

设线性定常系统用 n 阶微分方程描述:

$$a_0\frac{\mathrm{d}^nc(t)}{\mathrm{d}t^n}+a_1\frac{\mathrm{d}^{n-1}c(t)}{\mathrm{d}t^{n-1}}+\cdots+a_{n-1}\frac{\mathrm{d}c(t)}{\mathrm{d}t}+a_nc(t)=b_0\frac{\mathrm{d}^mr(t)}{\mathrm{d}t^m}+\cdots+b_mr(t)\tag{2-29}$$

式中,$c(t)$ 为输出量,$r(t)$ 为输入量,$a_0,a_1,\cdots,a_n$ 及 $b_0,b_1,\cdots,b_m$ 均为由系统结构、参数决定的常系数,$n\geqslant m$。设 $c(t)$ 和 $r(t)$ 及其各阶导数在 $t=0$ 时的值均为零,并令 $C(s)=L[c(t)]$,$R(s)=L[r(t)]$,即零初始条件下对式(2-29)进行拉氏变换得:

$$[a_0s^n+a_1s^{n-1}+\cdots+a_{n-1}s+a_n]C(s)=[b_0s^m+b_1s^{m-1}+\cdots+b_{m-1}s+b_m]R(s)\tag{2-30}$$

于是,由定义得系统的传递函数为:

$$G(s)=\frac{C(s)}{R(s)}=\frac{b_0s^m+b_1s^{m-1}+\cdots+b_{m-1}s+b_m}{a_0s^n+a_1s^{n-1}+\cdots+a_{n-1}s+a_n}=\frac{M(s)}{N(s)}\tag{2-31}$$

$$M(s)=b_0s^m+b_1s^{m-1}+\cdots+b_{m-1}s+b_m\tag{2-32}$$

$$N(s)=a_0s^n+a_1s^{n-1}+\cdots+a_{n-1}s+a_n\tag{2-33}$$

式中,$M(s)$ 和 $N(s)$ 分别称为传递函数 $G(s)$ 的分子多项式,分母多项式。

利用传递函数可将系统输出量的拉氏变换式写成:

$$C(s)=G(s)R(s)\tag{2-34}$$

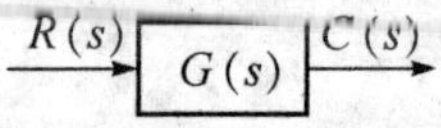

图 2-4　传递函数框图

传递函数是一种用系统参数表示输出量与输入量之间关系的表达式，输入量 $R(s)$ 经传递函数 $G(s)$ 的传递后，得到了输出量 $C(s)$，这种具有传递函数 $G(s)$ 的线性系统可用如图 2-4 所示的框图表示。

［**例 2-3**］　求图示 2-2 所示弹簧-质量-阻尼器机械位移系统的传递函数。

解：由例 2-2 已求得该机械系统的微分方程为：

$$T^2 \frac{\mathrm{d}^2 y}{\mathrm{d}t^2} + 2\xi T \frac{\mathrm{d}y}{\mathrm{d}t} + y = KF$$

由传递函数定义，可求得系统传递函数为：

$$G(s) = \frac{Y(s)}{F(s)} = \frac{K}{T^2 s^2 + 2\xi Ts + 1}$$

2. 传递函数的性质

(1) 传递函数是经拉氏变换导出的，拉氏变换是一种线性积分运算，因此传递函数的概念只适用于线性定常系统。

(2) 传递函数是复变量 s 的有理真分式，其分母多项式的阶次 n 大于等于分子多项式的阶次 m，即 $n \geqslant m$。

(3) 传递函数只取决于系统本身的结构和参数，因此，它是系统的动态数学模型，而与输入信号的具体形式和大小无关，也不反映系统的任何内部信息。

(4) 传递函数只表明一个特定的输入、输出关系。同一系统，取不同变量作输出，以给定或不同位置的干扰为输入，传递函数将各不相同。所以谈到传递函数，必须指明输入量和输出量。传递函数的概念主要适用于单输入、单输出的情况。若系统有多个输入信号，在求传递函数时，除了指定的输入量以外，其他输入量（包括常值输入量）一概视为零；对于多输入、多输出线性定常系统，求取不同输入和输出之间的传递函数将得到系统的传递函数矩阵。

(5) 传递函数只反映系统在零初始条件下的运动特性。零初始条件有两层含义：一是指输入量在 $t \geqslant 0$ 时才起作用；二是指输入量加于系统之前，系统处于稳定工作状态。

(6) 服从不同物理规律的系统可以有同样的传递函数，故它不能反映系统的物理结构和性质。

3. 典型环节及其传递函数

自动控制系统是由若干元件组成的，这些元件的物理本质及作用原理可能互不相同。但从动态性能或数学模型来看，却可以分成为数不多的基本环节，这就是典型环节。任何一个复杂系统都是由有限个典型环节组合而成的。常用的典型环节有比例环节、惯性环节、积分环节、纯微分环节、振荡环节和纯时间延迟环节等。研究和掌握这些典型环节有助于对控制系统的分析和了解。

(1) 比例环节

比例环节又称为放大环节，该环节的运动方程和相对应的传递函数分别是：

$$c(t) = Kr(t) \tag{2-35}$$

$$G(s) = \frac{C(s)}{R(s)} = K \tag{2-36}$$

式中　K——比例环节的比例系数，也称为放大系数。

特点：输入输出量成比例，不失真和无时间延迟。

实例：电子放大器，测速发电机，无弹性形变的杠杆，电阻，感应式变送器等。

(2)惯性环节

惯性环节又称为非周期环节，该环节的运动方程和相对应的传递函数分别为：

$$T\frac{\mathrm{d}c(t)}{\mathrm{d}t}+c(t)=Kr(t) \tag{2-37}$$

$$G(s)=\frac{C(s)}{R(s)}=\frac{K}{Ts+1} \tag{2-38}$$

式中，T 为时间常数；K 为比例系数。

特点：含一个储能元件，对突变的输入，其输出量延缓地反映输入量的变化规律，输出无振荡。

实例：RC 网络，直流伺服电动机的励磁回路，忽略掉电枢电感的直流电动机等。

(3)积分环节

积分环节的运动方程和传递函数分别为：

$$c(t)=\frac{1}{T}\int r(t)\,\mathrm{d}t \text{ 或 } T\frac{\mathrm{d}c(t)}{\mathrm{d}t}=r(t) \tag{2-39}$$

$$G(s)=\frac{C(s)}{R(s)}=\frac{1}{Ts} \tag{2-40}$$

式中，T 为积分时间常数。

特点：输出量与输入量的积分成正比例，当输入消失，输出具有记忆功能。

实例：电动机的输出转角和其转速的关系，运算放大器组成的积分器等。

(4)纯微分环节

纯微分环节简称为微分环节，其运动方程和传递函数分别为：

$$c(t)=T\frac{\mathrm{d}r(t)}{\mathrm{d}t} \tag{2-41}$$

$$G(s)=\frac{C(s)}{R(s)}=Ts \tag{2-42}$$

式中，T 为微分时间常数。

特点：输出量正比输入量变化的速度，能预示输入信号的变化趋势，即有预报功能。

实例：在一定条件下，测速发电机以转角为输入，电枢电压为输出时，可算作是一个理想微分环节。

实际上，由于惯性的存在，理想的微分环节不会独立存在，它总是与其他环节并存的。实际中可实现的微分环节都具有一定的惯性，其传递函数如下：

$$G(s)=\frac{C(s)}{R(s)}=\frac{Ts}{Ts+1} \tag{2-43}$$

当 $T\ll 1$ 时，$G(s)=\frac{C(s)}{R(s)}=\frac{Ts}{Ts+1}\approx Ts$，具有这种特性的近似微分环节称为实用微分环节。

(5)振荡环节

振荡环节是一个二阶系统的特例。其运动方程和传递函数分别为：

$$T^2\frac{\mathrm{d}^2c(t)}{\mathrm{d}t^2}+2\xi T\frac{\mathrm{d}c(t)}{\mathrm{d}t}+c(t)=r(t)\quad(0\leqslant\xi<1) \tag{2-44}$$

$$G(s)=\frac{C(s)}{R(s)}=\frac{1}{T^2s^2+2\xi Ts+1}=\frac{\omega_n^2}{s^2+2\xi\omega_n s+\omega_n^2}\quad(0\leqslant\xi<1)\tag{2-45}$$

式中，ξ 为振荡环节的阻尼比；T 为时间常数；ω_n 为系统的自然振荡角频率（无阻尼自然振荡角频率），并且有 $T=\frac{1}{\omega_n}$。

特点：环节中有两个独立的储能元件，并可进行能量交换，其输出出现振荡。

实例：RLC 串联电路，机械阻尼系统，电枢控制他励直流电动机系统等（满足 $0\leqslant\xi<1$）。

（6）纯时间延迟环节

纯时间延迟环节也称为时滞环节、滞后环节。其运动方程和传递函数分别为：

$$c(t)=r(t-\tau)\tag{2-46}$$

$$G(s)=\frac{C(s)}{R(s)}=e^{-\tau s}\tag{2-47}$$

式中，τ 为该环节的延迟时间。

特点：输出量能准确复现输入量，但要延迟一固定的时间间隔 τ。

实例：管道压力、流量等物理量的控制，电力电子系统中晶闸管整流装置等。系统中有延迟环节时，可能使系统变得不稳定，且 τ 越大对系统的稳定越不利。

上述典型环节都是根据其数学模型的特征来区分的，它们和元件、装置或系统之间并不是一一对应的关系。一个复杂的装置可能包括几个典型环节，而一个简单的系统也可能就是一个典型环节。

2.4 控制系统的数学模型

自动控制系统应包括几个基本的部分，即控制器、执行机构、被控对象和检测（变送）装置。如图 2-5 所示。

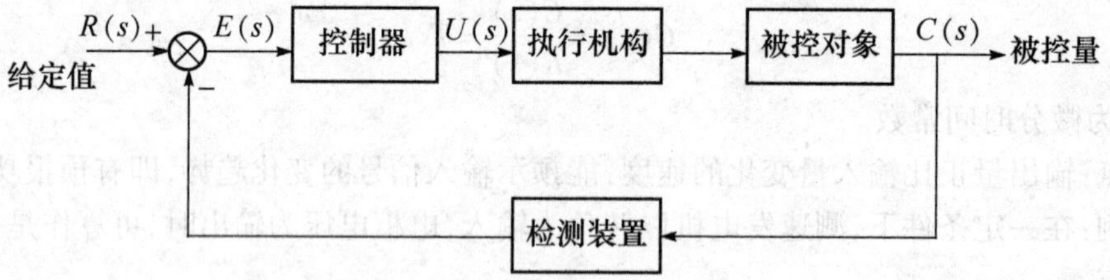

图 2-5　控制系统原理框图

1. 控制器

控制器的作用是将被控量测量值与给定值进行比较，然后对比较后得到的偏差进行比例、积分、微分等运算，并将运算结果以一定的信号形式送往执行器，以实现对被控变量的自动控制。相关的控制算法由电路来实现称为模拟调节器。由软件来实现相应控制算法的控制器称为数字控制器。目前过程控制中应用最多的控制器多采用 PID（比例、积分、微分）控制。相对应的数学模型为：

$$G_C(s)=\frac{U(s)}{E(s)}=K_p\left(1+\frac{1}{T_I s}+T_D s\right)\tag{2-48}$$

式中，K_P 为比例放大系数；T_I 为积分时间常数；T_D 为微分时间常数；$U(s)$ 为控制器的输出，

$E(s)$ 为控制器的输入，即被控量的测量值与给定值之间的偏差。

2. 执行机构

执行机构也称为执行装置或执行器，其作用是接收控制器的控制信号，并把它转换成调整被控对象的动作，使被控参数按照预先规定的要求正常进行。

执行机构有各种各样的形式，按所需能量的形式可分为气动执行机构、液压执行机构和电动执行机构。常用的执行机构为气动和电动的。电动执行机构是工程上应用最多、使用最方便的一种执行器，特点是体积小，种类多，使用方便。可以是电动机，步进电机和晶闸管等。以电枢控制式直流电动机为例，以电枢控制电压 $u_a(t)$ 为输入量，电动机转角 θ 为输出量，其数学模型为：

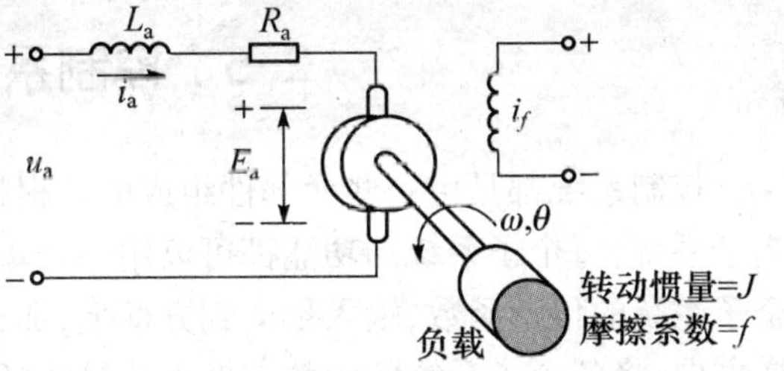

图 2-6　电枢控制式直流电动机

$$G(s)=\frac{\theta(s)}{U_a(s)}=\frac{C_m}{s[(L_as+R_a)(Js+f)+C_eC_m]}$$

电枢时间常数 $\tau_a=\dfrac{L_a}{R_a}$ 可以忽略不计，则：

$$G(s)=\frac{\theta(s)}{U_a(s)}=\frac{C_m}{s[R_a(Js+f)+C_eC_m]}=\frac{K_1}{s(T_ms+1)}$$

如果电枢电阻和电动机的转动惯量都很小，可忽略不计时，则：

$$G(s)=\frac{K_1}{s} \tag{2-49}$$

此时，直流电动机即为一个积分环节。

3. 被控对象

被控制对象是指生产过程被控制的工艺设备或装置，例如有自平衡多容被控对象的传递函数可以表示为：

$$G_o(s)=\frac{K}{T_cs+1}e^{-\tau_cs} \tag{2-50}$$

式中　τ_c——容积迟延时间；

T_c——时间常数；

K——放大系数。即系统的数学模型由一个一阶惯性环节和一个延迟环节组成。

4. 检测（变送）装置

按生产工艺的要求，被控对象的有关控制参数应通过自动检测以获得可靠的信息。信息的获得依靠检测装置来完成。检测装置一般由传感器和执行器组成。被控的工艺参数一般为非电量物理量，通过传感器和变送器将其测量并转化成对应的标准电信号。目前的标准电信号主要有两种：一种为Ⅱ型的标准电信号，即 0～10mA 直流电流信号；另一种为Ⅲ型的电信号，是 4～20mA 的直流电流信号或 1～5V 的直流电压信号。虽然检测装置的种类和形式很多，但大多都是一阶或二阶系统（高阶可分解成若干个低阶环节）。一阶检测装置的数学模型可表示为：

$$H(s)=\frac{B(s)}{C(s)}=\frac{K}{Ts+1} \tag{2-51}$$

整个自动控制系统的数学模型即为各个环节传递函数的组合，由各个环节的传递函数可知，系统总的传递函数模型为若干典型环节的组合。

2.5 控制系统的等效变换

控制系统都是由一些元部件组成的。根据不同的功能，可将系统划分为若干环节或者叫子系统，每个子系统的功能都可以用一个单向性的函数方框来表示。方框中填写表示这个子系统的传递函数，输入量加到方框上，那么输出量就是传递结果。根据系统中信息的传递方向，将各个子系统的函数方框用信号线顺次连接起来，就构成了系统的结构图，又称系统的方框图。

控制系统的结构图是描述系统各元件之间信号传递关系的数学图示模型，它表示系统中各变量之间的因果关系以及对各变量所进行的运算。利用结构图既能方便地求取传递函数，又能形象直观地表明控制信号在系统内部的动态传递过程。结构图是控制理论中描述复杂系统的一种简便方法。

2.5.1 结构图的组成

1. 结构图的组成

控制系统的结构图是由一些对信号进行单向运算的方框和信号流向线组成，它由四种基本单元组成，如图 2-7 所示。

(1)信号线。信号线是带有箭头的直线，箭头表示信号的传递方向，线上标注信号所对应的变量。如图 2-7(a)所示。

(2)引出点。又称为分支点。表示将信号同时传向所需的各处。引出点可以表示信号的引出或被测量的位置。从同一信号线上取出的信号，其数值和性质完全相同。如图 2-7(b)所示。

(3)比较点。又称为综合点或相加点。表示两个或两个以上信号在该点相加或相减。“+”表示相加，“-”表示相减，“+”号可以省略不写，如图 2-7(c)所示。

(4)传递方框。方框两侧应为输入信号线和输出信号线，方框内写入该输入、输出之间的传递函数 $G(s)$。如图 2-7(d)所示。

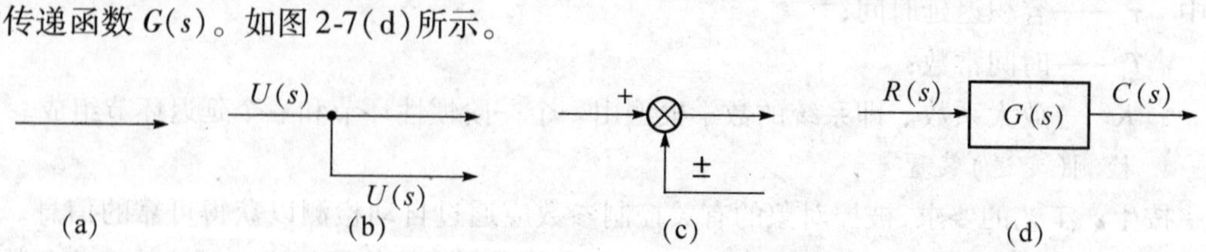

图 2-7 结构图基本单元

(a)信号线；(b)引出点；(c)比较点；(d)传递方框

2. 绘制系统框图的一般步骤

(1)列出描述系统各环节或元件的运动方程式，确定其传递函数；

(2)绘出各环节或元件的方框，方框中示明其传递函数，并以箭头和字母符号表时其输入量和输出量。

(3)根据信号的流向关系，依次将各方框连接起来，构成系统的结构图。

［**例 2-4**］　绘制如图 2-1 所示 *RC* 网络的结构图。

解：(1)列写该网络的运动方程式

$$I(s)=\frac{U_r(s)-U_c(s)}{R}$$

$$U_c(s)=\frac{1}{Cs}I(s)$$

(2)画出上述元件对应的框图

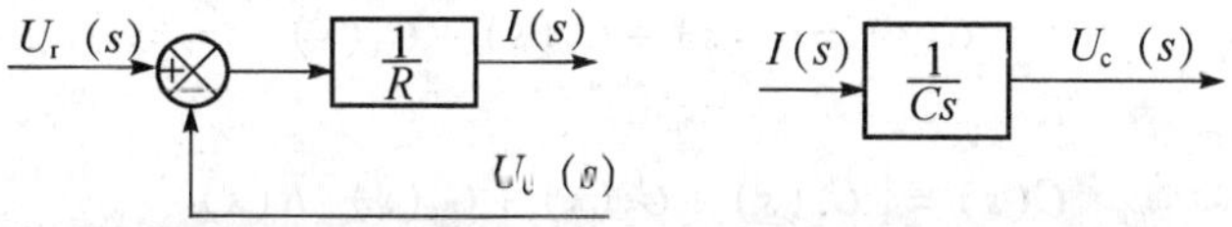

(3)将各单元框图按信号流向依次连接(如图 2-8 所示)

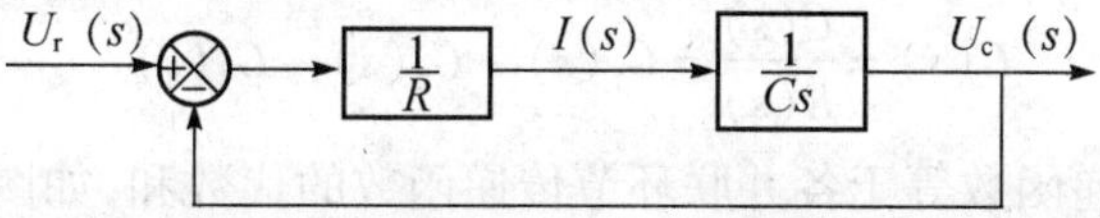

图 2-8　*RC* 网络的结构图

2.5.2　结构图的化简和变换规则

建立结构图的最终目的是为了求取系统的传递函数，进而对系统性能进行分析。所以，对于复杂的结构图就需要进行等效变换，设法将其化简为一个等效的函数方框，如图 2-4 所示。其中的数学表达式即为系统总的传递函数。结构图等效变换必须遵循的原则是：变换前、后被变换部分总的数学关系保持不变，也就是变换前、后有关部分的输入量、输出量之间的关系保持不变。

1. 串联环节的等效

相互间无负载效应的环节与环节首尾相连，即前一个环节的输出是后一个环节的输入，这种连接方式称为串联连接。如图 2-9(a)所示为三个环节的串联，对应的传递函数分别为 $G_1(s)$，$G_2(s)$和 $G_3(s)$。由图可得：

$$C(s)=G_3(s)U_2(s)=G_3(s)G_2(s)U_1(s)=G_3(s)G_2(s)G_1(s)R(s) \tag{2-52}$$

所以，三个串联环节的总传递函数为：

$$G(s)=\frac{C(s)}{R(s)}=G_3(s)G_2(s)G_1(s) \tag{2-53}$$

由此可见，串联后总的传递函数等于各个串联环节的传递函数之乘积。如图 2-9(b)所示。推而广之，若有 n 个相互间无负载效应的环节串联时，其等效传递函数等于各串联环节传递函数的乘积。即：

$$G(s)=\frac{C(s)}{R(s)}=G_n(s)\cdots G_3(s)G_2(s)G_1(s)=\prod_{i=1}^{n}G_i(s) \tag{2-54}$$

2. 并联环节的等效

两个或多个环节有相同的输入量，而输出量等于各环节输出量的代数和，这种连接方式称为并联连接，如图 2-10(a)所示。由图 2-10(a)可知：

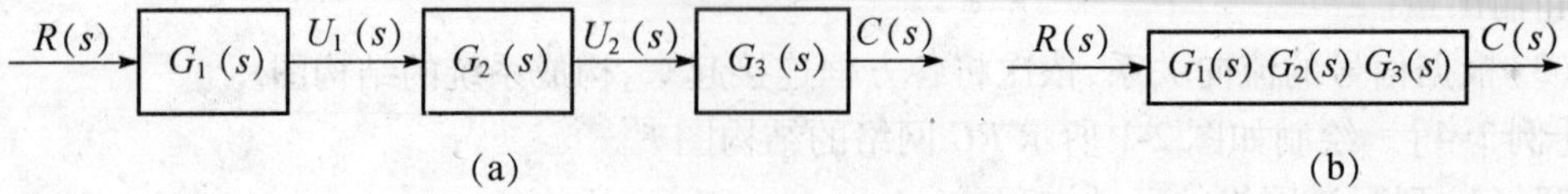

图 2-9 串联环节

(a)串联连接;(b)等效传递函数

$$C_1(s)=G_1(s)R(s) \tag{2-55}$$

$$C_2(s)=G_2(s)R(s) \tag{2-56}$$

$$C_3(s)=G_3(s)R(s) \tag{2-57}$$

$$C(s)=C_1(s)+C_2(s)+C_3(s) \tag{2-58}$$

整理可得:

$$C(s)=[G_1(s)+G_2(s)+G_3(s)]R(s) \tag{2-59}$$

所以系统的传递函数为:

$$G(s)=\frac{C(s)}{R(s)}=G_1(s)+G_2(s)+G_3(s) \tag{2-60}$$

即:并联连接的等效传递函数等于各并联环节传递函数的代数和,如图 2-10(b)所示。此结论亦可推广到 n 个子系统的并联。

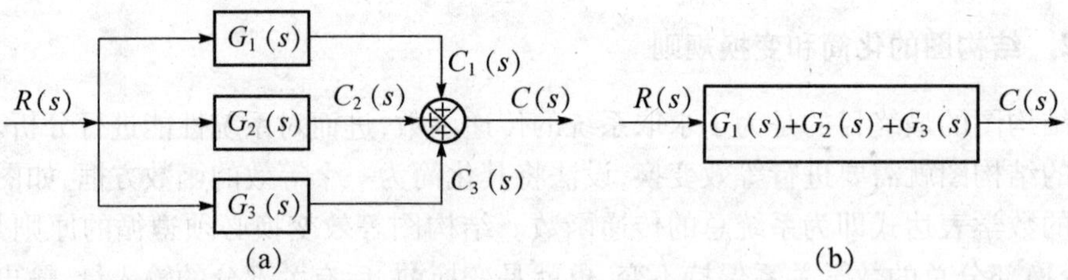

图 2-10 并联环节

(a)并联连接;(b)等效传递函数

3. 反馈连接的等效

将系统或环节的输出量 $C(s)$ 经过一个反馈环节 $H(s)$ 反馈到输入端,与输入量 $R(s)$ 进行比较后再作用到 $G(s)$ 环节,这种连接方式叫反馈连接,如图 2-11(a)所示为一个负反馈连接的系统。如果反馈信号 $B(s)$ 在比较点处取正,则为正反馈,如果取负,则为负反馈。

构成反馈连接后,信号的传递形成了封闭回路,即构成了闭环控制。通常将图 2-11(a)中闭环回路的 $G(s)$ 称为前向通路的传递函数,$H(s)$ 称为反馈通路的传递函数。按图中信号的传递关系,可得:

$$C(s)=G(s)E(s) \tag{2-61}$$

$$B(s)=H(s)C(s)=G(s)H(s)E(s) \tag{2-62}$$

$$E(s)=R(s)\mp B(s) \tag{2-63}$$

由以上各式消去中间变量 $E(s)$,$B(s)$,可得:

$$[1\pm G(s)H(s)]C(s)=G(s)R(s) \tag{2-64}$$

$$\Phi(s)=\frac{C(s)}{R(s)}=\frac{G(s)}{1\pm G(s)H(s)} \tag{2-65}$$

式中　$\Phi(s)$——闭环传递函数；

$G(s)H(s)$——开环传递函数，它可定义为反馈信号 $B(s)$ 与偏差信号 $E(s)$ 之比。反馈连接的等效图如图 2-11(b) 所示。

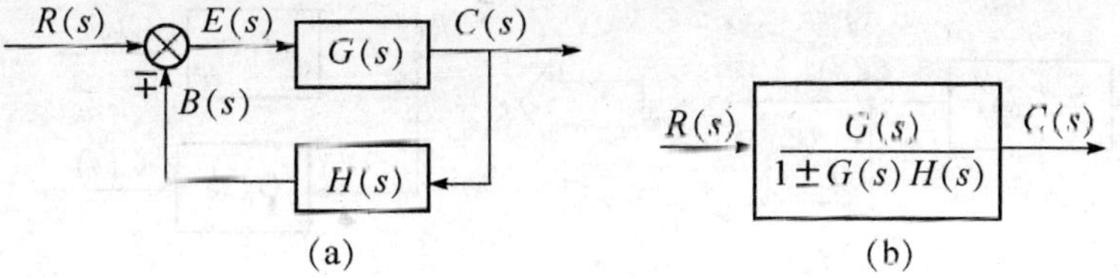

图 2-11　反馈连接

(a) 负反馈连接系统；(b) 反馈连接等效图

4. 比较点和引出点的移动

(1) 比较点的移动和互换

比较点的移动分为两种情况：前移和后移。为了保证比较点移动前后，输出量与输入量之间的关系保持不变，必须在比较点的移动支路中串联一个环节，它的传递函数分别为 $1/G(s)$（前移）和 $G(s)$（后移）。相应的等效变换如图 2-12(a) 和 (b) 所示。

如果两个比较点紧紧相邻，就可以互换位置，输出信号保持不变。如图 2-12(c) 所示。

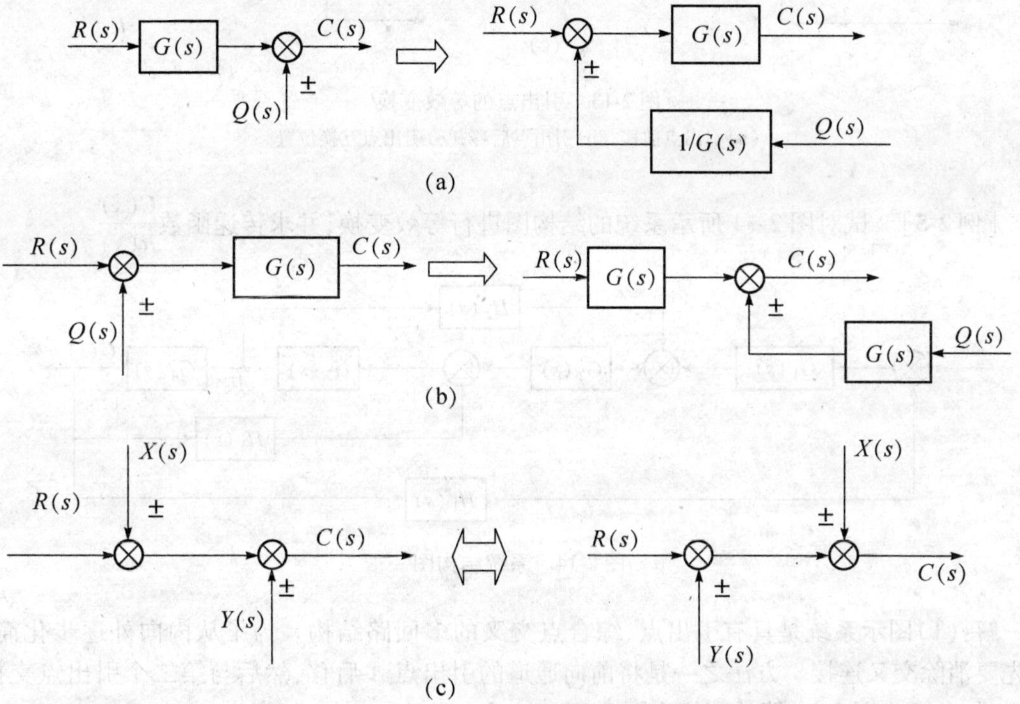

图 2-12　比较点的等效移动

(a) 比较点前移；(b) 比较点右移；(c) 比较点互换位置

(2) 引出点的移动和互换

引出点的移动分为两种情况：前移和后移。但是引出点前移时，应在引出点取出支路中串联一个传递函数为 $G(s)$ 的环节，引出点后移时，则串联一个传递函数为 $1/G(s)$ 的环节。相应的等效变换为 2-13(a) 和 (b) 所示。

如果两个引出点紧紧相邻,就可以互换位置,输出信号保持不变,如图 2-13(c)所示。

必须注意,相邻的比较点和引出点之间的位置不能简单地互换。利用这些规则可以将比较复杂的系统结构图逐步简化,直至最后得出输出量与输入量之间的关系——传递函数。

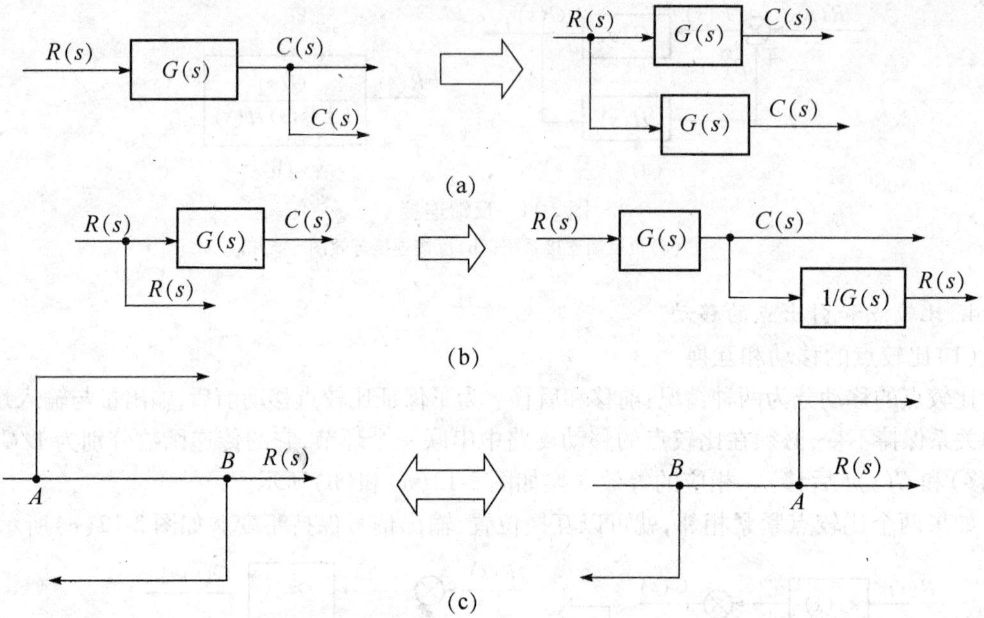

图 2-13　引出点的等效变换

(a)引出点前移;(b)引出点后移;(c)引出点互换位置

[**例 2-5**]　试对图 2-14 所示系统的结构图进行等效变换,并求传递函数$\frac{C(s)}{R(s)}$。

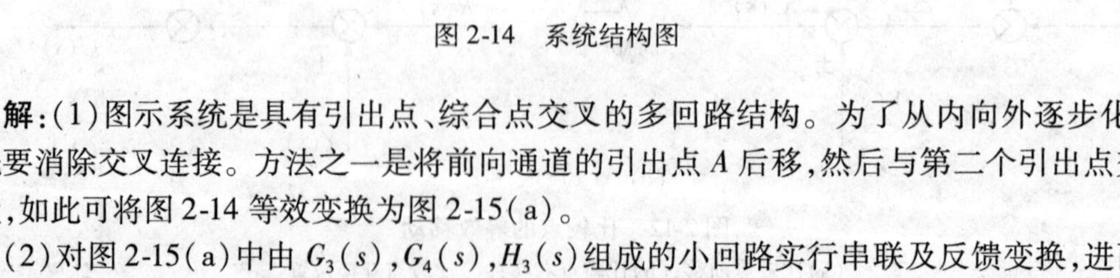

图 2-14　系统结构图

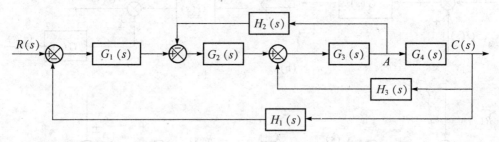

解:(1)图示系统是具有引出点、综合点交叉的多回路结构。为了从内向外逐步化简,首先要消除交叉连接。方法之一是将前向通道的引出点 A 后移,然后与第二个引出点交换位置,如此可将图 2-14 等效变换为图 2-15(a)。

(2)对图 2-15(a)中由 $G_3(s)$,$G_4(s)$,$H_3(s)$组成的小回路实行串联及反馈变换,进而简化成图 2-15(b)。

(3)对图 2-15(b)中的内回路依次进行串联及反馈变换,得图 2-15(c)。最后,再变换成一个方框,如图 2-15(d),则系统总传递函数为:

$$\frac{C(s)}{R(s)}=\frac{G_1G_2G_3G_4}{1+G_1G_2G_3G_4H_1+G_2G_3H_2+G_3G_4H_3}$$

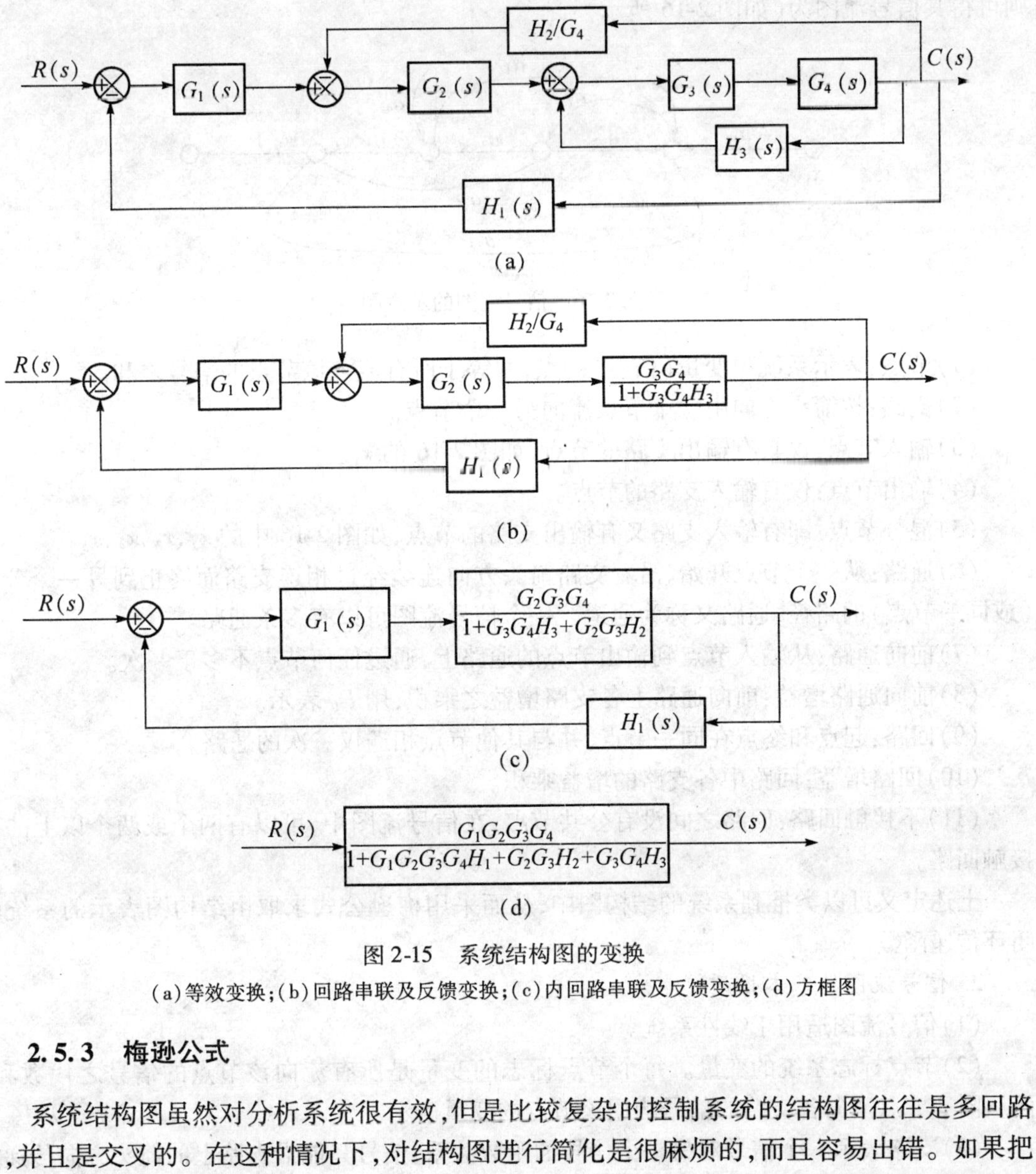

图 2-15　系统结构图的变换

(a)等效变换;(b)回路串联及反馈变换;(c)内回路串联及反馈变换;(d)方框图

2.5.3　梅逊公式

系统结构图虽然对分析系统很有效,但是比较复杂的控制系统的结构图往往是多回路的,并且是交叉的。在这种情况下,对结构图进行简化是很麻烦的,而且容易出错。如果把结构图变换成信号流图,再利用梅逊公式而不需要变换即可直接求得系统的传递函数。

信号流图是由节点和支路组成的一种信号传递网络。节点表示方程中的变量,用"∘"表示;连接两个节点的线段叫支路,支路是有方向性的,用箭头表示;箭头由自变量(因,输入变量)指向因变量(果,输出变量),标在支路上的增益代表因果之间的关系,即方程中的系数。

1. 信号流图的相关术语

比如一个线性系统:

$$\begin{aligned} x_2 &= a_{12}x_1 + a_{32}x_3 + a_{42}x_4 + a_{52}x_5 \\ x_3 &= a_{23}x_2 \\ x_4 &= a_{34}x_3 + a_{44}x_4 \\ x_5 &= a_{35}x_3 + a_{45}x_4 \end{aligned} \tag{2-66}$$

则可得其信号流图为(如图 2-16 所示):

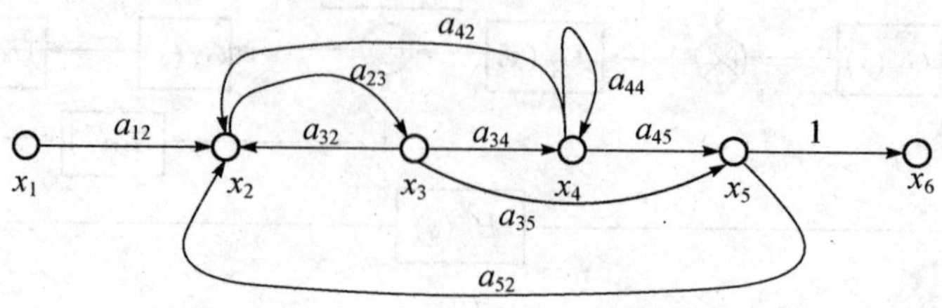

图 2-16 信号流图的示意图

(1)节点:表示系统中变量(信号)的点,并等于所有流入该节点的信号之和。

(2)支路:按箭头方向由一个节点流向另一个节点。

(3)输入节点:仅具有输出支路的节点,如图 2-16 的 x_1。

(4)输出节点:仅有输入支路的节点。

(5)混合节点:即有输入支路又有输出支路的节点,如图 2-16 中的 x_2, x_3, x_4, x_5。

(6)通路:从一个节点开始,沿着支路箭头方向连续经过相连支路而终止到另一个节点(或同一节点)的路径,通路又称为通道。一个信号流图可以有多条通路。

(7)前向通路:从输入节点到输出节点的通路上,通过任何节点不多于一次。

(8)前向通路增益:前向通路上各支路增益之乘积,用 P_k 表示。

(9)回路:起点和终点在同一节点,并与其他节点相遇仅一次的通路。

(10)回路增益:回路中各支路的增益乘积。

(11)不接触回路:回路之间没有公共节点,在信号流图中,可以有两个或两个以上的不接触回路。

上述定义可以类推到系统的结构图中,从而采用梅逊公式求取由结构图表示的系统的闭环传递函数。

2. 信号流图的基本性质

(1)信号流图适用于线性系统。

(2)节点标志系统的变量。每个节点标志的变量是所有流向该节点的信号之代数和,而从同一节点流向各支路的信号均用该节点的变量表示。

(3)支路表示一个信号对另一个信号的函数关系,信号只能沿支路上的箭头方向传递。

(4)对于一个给定的系统,节点变量的设置是任意的,因此其信号流图不是唯一的。

3. 梅逊公式

应用梅逊公式,可不经任何结构变换,一步写出系统总的传递函数。梅逊公式为:

$$G(s) = \frac{\sum_{k=1}^{n} P_k \Delta_k}{\Delta} \tag{2-67}$$

式中 $G(s)$——系统的输入到输出的总传递函数;

n——前向通路数;

P_k——第 k 条前向通道的增益;

Δ——系统的主特征式,且按式(2-68)计算:

$$\Delta = 1 - \sum L_a + \sum L_b L_c - \sum L_d L_e L_f + \cdots \tag{2-68}$$

式中　$\sum L_a$——所有独立回路增益之和；

$\sum L_b L_c$——所有两两互不接触回路增益的乘积之和；

$\sum L_d L_e L_f$——所有三个互不接触回路，其回路增益乘积之和

Δ_k——从系统的总特征式 Δ 中，将与第 k 条前向通路的回路各项除去后剩余的特征式，称为第 k 条前向通路的余子式。

［例 2-6］ 试用梅逊公式求图 2-17 所示系统的传递函数 $\frac{C(s)}{R(s)}$。

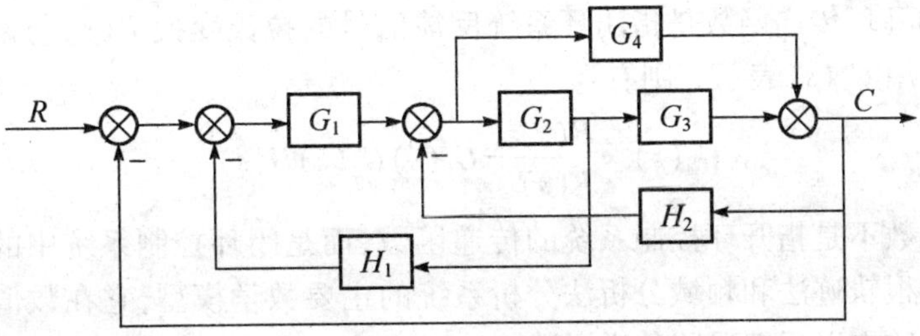

图 2-17　系统传递函数

解：(1)确定前向通路

在系统中，共有 2 条前向通路，即 $n=2$。前向通路增益分别为

$$P_1 = G_1G_2G_3 \qquad \Delta_1 = 1$$

$$P_2 = G_1G_4 \qquad \Delta_2 = 1$$

(2)确定反馈回路

$$L_1 = -G_1G_2G_3, L_2 = -G_1G_2H_1, L_3 = -G_2G_3H_2, L_4 = -G_1G_4, L_5 = -G_4H_2$$

系统中不存在两两互不接触的回路，所以：

$$\Delta = 1 + G_1G_2G_3 + G_1G_2H_1 + G_2G_3H_2 + G_1G_4 + G_4H_2$$

故代入梅逊公式(2-67)，得系统总的传递函数为：

$$\frac{C(s)}{R(s)} = \frac{G_1G_2G_3 + G_1G_4}{1 + G_1G_2G_3 + G_1G_2H_1 + G_2G_3H_2 + G_1G_4 + G_4H_2}$$

总之，当求解线性系统的传递函数时，简单的系统可以直接利用结构图计算，即清楚又方便；复杂的系统可以将其看作信号流图后，再利用梅逊公式计算。需要强调的是，在利用梅逊公式时，要考虑周到，不能遗漏任何应当计算的回路和前向通路。

2.6　控制系统的传递函数

闭环控制系统的典型结构如图 2-18 所示。图中控制系统在工作过程中，受到两类信号的作用，常称为外作用。其中的 $R(s)$ 是有用信号，称为参考输入或给定值；$N(s)$ 是各种干扰。C(s)为系统的输出。接下来将分别讨论闭环控制系统各种输入量与输出量之间的传递函数。

研究被控量 $c(t)$ 的变化规律，需要分别考虑 $r(t)$ 和 $n(t)$ 的影响。基于系统分析的需要，接下来介绍一些系统传递函数的概念。

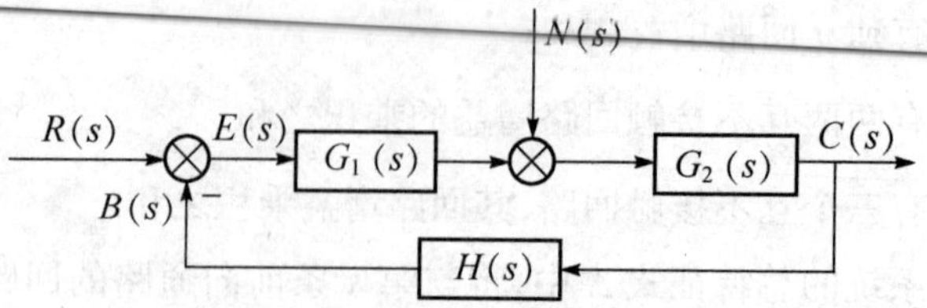

图 2-18　闭环控制系统的典型结构

2.6.1　闭环系统中的开环传递函数

闭环系统的开环传递函数是指闭环系统反馈信号的拉氏变换 $B(s)$ 与偏差信号的拉氏变换 $E(s)$ 之比，用 $G_k(s)$ 表示。则有：

$$G_k(s)=\frac{B(s)}{E(s)}=G_1(s)G_2(s)H(s) \tag{2-69}$$

开环传递函数不是指开环控制系统的传递函数，而是闭环控制系统中的开环。开环传递函数是后面用根轨迹法和频域分析法分析系统的主要数学模型，它在数值上等于系统的前向通路传递函数乘以反馈通路传递函数。

2.6.2　闭环系统的传递函数

1. 给定信号 $R(s)$ 作用下的闭环传递函数

讨论 $R(s)$ 作用下的传递函数，令 $N(s)=0$，系统结构图如图 2-19 所示。

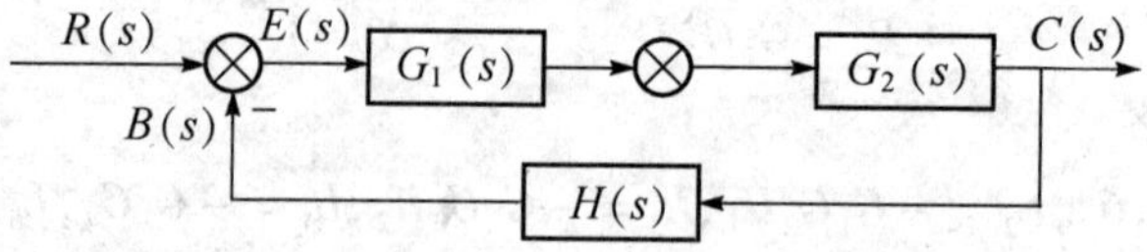

图 2-19　$R(s)$ 单独作用的结构图

用 $\Phi_r(s)$ 表示系统的闭环传递函数，则利用结构图等效变换或梅逊公式可求得：

$$\Phi_r(s)=\frac{C_r(s)}{R(s)}=\frac{G_1(s)G_2(s)}{1+G_1(s)G_2(s)H(s)}=\frac{G_1(s)G_2(s)}{1+G_k(s)} \tag{2-70}$$

由 $\Phi_r(s)$ 可进一步求得在给定信号作用下，系统的输出为：

$$C_r(s)=\Phi_r(s)R(s)=\frac{G_1(s)G_2(s)}{1+G_1(s)G_2(s)H(s)}\cdot R(s)=\frac{G_1(s)G_2(s)}{1+G_k(s)}\cdot R(s) \tag{2-71}$$

2. 干扰信号 $N(s)$ 作用下的系统闭环传递函数

为研究干扰对系统的影响，需要求出 $C(s)$ 对 $N(s)$ 的传递函数，此时，令 $R(s)=0$。系统结构图如图 2-20 所示。

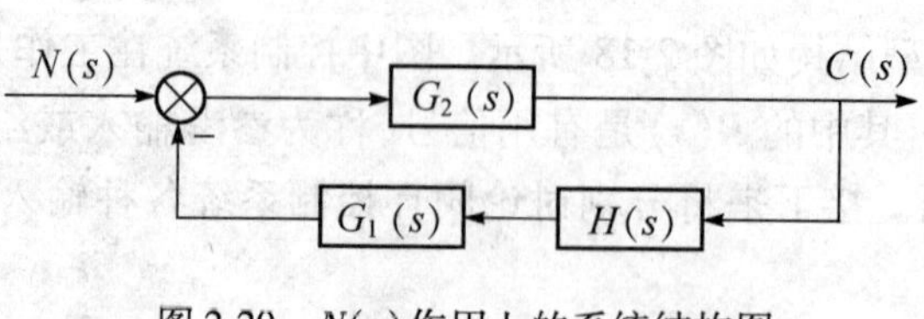

图 2-20　$N(s)$ 作用上的系统结构图

用 $\Phi_n(s)$ 表示干扰作用下的系统闭环传递函数。即：

$$\Phi_n(s)=\frac{C_r(s)}{N(s)}=\frac{G_2(s)}{1+G_1(s)G_2(s)H(s)}=\frac{G_2(s)}{1+G_k(s)} \tag{2-72}$$

此时系统的输出为：

$$C_n(s)=\Phi_n(s)N(s)=\frac{G_2(s)}{1+G_1(s)G_2(s)H(s)}\cdot N(s)=\frac{G_2(s)}{1+G_k(s)}\cdot N(s) \tag{2-73}$$

3. 系统总输出

根据线性叠加原理，线性系统的总输出为各个外作用单独作用产生的输出之代数和，故系统的总输出为：

$$\begin{aligned}C(s)&=C_r(s)+C_n(s)=\Phi_r(s)R(s)+\Phi_n(s)N(s)\\&=\frac{G_1(s)G_2(s)}{1+G_1(s)G_2(s)H(s)}\cdot R(s)+\frac{G_2(s)}{1+G_1(s)G_2(s)H(s)}\cdot N(s)\end{aligned} \tag{2-74}$$

4. 给定信号 $R(s)$ 作用下的误差传递函数

系统分析时，除要了解被控量 $c(t)$ 的变化规律，还经常关注控制过程中误差的变化。误差大小直接反映系统的控制精度。这里取给定指令 $R(s)$ 与反馈量 $B(s)$ 之差为系统误差 $E(s)$，即：

$$E(s)=R(s)-B(s) \tag{2-75}$$

则 $E(s)$ 与 $R(s)$ 之比称为给定信号 $R(s)$ 作用下的误差传递函数，用 $\Phi_{er}(s)$ 表示。令 $N(s)=0$，以 $R(s)$ 为输入，$E(s)$ 输出的结构图如图 2-21 所示，则可得：

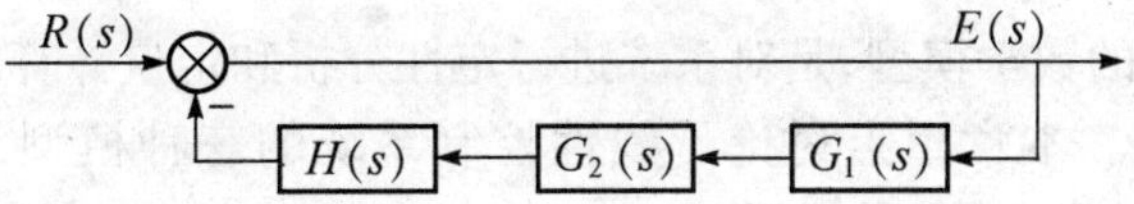

图 2-21　$R(s)$ 作用下的误差输出结构图

$$\Phi_{er}(s)=\frac{E_r(s)}{R(s)}=\frac{1}{1+G_1(s)G_2(s)H(s)}=\frac{1}{1+G_k(s)} \tag{2-76}$$

而给定信号 $R(s)$ 作用下的误差为：

$$E_r(s)=\Phi_{er}(s)\cdot R(s)=\frac{1}{1+G_1(s)G_2(s)H(s)}\cdot R(s)=\frac{1}{1+G_k(s)}\cdot R(s) \tag{2-77}$$

5. 干扰信号 $N(s)$ 作用下的误差传递函数

令 $R(s)=0$，$E(s)$ 与 $N(s)$ 之比称为干扰信号作用下的误差传递函数，用 $\Phi_{en}(s)$ 表示。干扰信号作用下误差输出的结构图如图 2-22 所示，则可得其误差传递函数为：

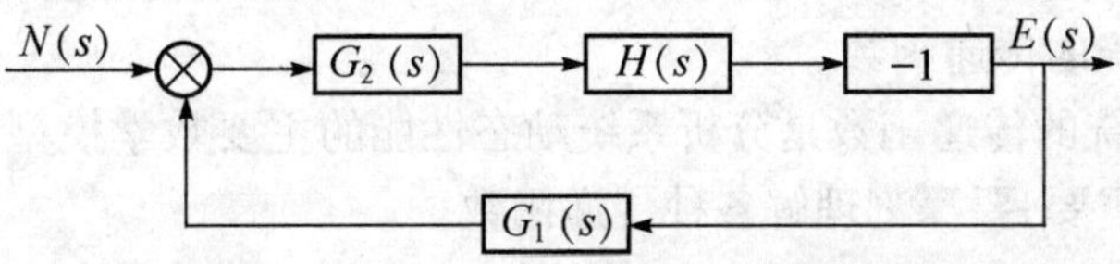

图 2-22　干扰作用下的误差输出结构图

$$\Phi_{en}(s)=\frac{E_n(s)}{N(s)}=\frac{-G_2(s)H(s)}{1+G_1(s)G_2(s)H(s)}=\frac{-G_2(s)H(s)}{1+G_k(s)} \tag{2-78}$$

则干扰作用下的误差输出为：

$$E_{\mathrm{n}}(s)=\Phi_{\mathrm{en}}(s)\cdot N(s)=\frac{-G_2(s)H(s)}{1+G_1(s)G_2(s)H(s)}\cdot N(s)=\frac{-G_2(s)H(s)}{1+G_{\mathrm{k}}(s)}\cdot N(s) \tag{2-79}$$

6. *系统总误差*

根据叠加原理，系统的总误差为：

$$\begin{aligned}E(s)&=E_{\mathrm{r}}(s)+E_{\mathrm{n}}(s)=\Phi_{\mathrm{er}}(s)\cdot R(s)+\Phi_{\mathrm{en}}(s)\cdot N(s)\\&=\frac{1}{1+G_1(s)G_2(s)H(s)}\cdot R(s)+\frac{-G_2(s)H(s)}{1+G_1(s)G_2(s)H(s)}\cdot N(s)\end{aligned} \tag{2-80}$$

由以上各式可以看出，系统在各种情况下的闭环传递函数都具有相同的分母多项式 $1+G_{\mathrm{k}}(s)$，这称为闭环系统的特征多项式，将 $1+G_{\mathrm{k}}(s)=0$ 称为系统的特征方程。

注：如果系统为单位负反馈系统，即 $H(s)=1$，系统的前向通路传递函数即为开环传递函数，则有：

$$\Phi_{\mathrm{r}}(s)=\frac{G_1(s)G_2(s)}{1+G_1(s)G_2(s)}=\frac{G_{\mathrm{k}}(s)}{1+G_{\mathrm{k}}(s)} \tag{2-81}$$

如果已知单位负反馈系统的闭环传递函数 $\Phi_{\mathrm{r}}(s)$，则可得其开环传递函数为：

$$G_{\mathrm{k}}(s)=\frac{\Phi_{\mathrm{r}}(s)}{1-\Phi_{\mathrm{r}}(s)} \tag{2-82}$$

本章小结

建立元件和系统的数学模型，是对系统进行定性分析和定量计算的前提，也是系统动态仿真研究的主要依据。本章重点讨论了线性控制系统的三种模型，即微分方程（时域模型）、传递函数（复频域模型）和结构图。

1. 微分方程是系统的时域数学模型，正确理解和掌握系统的工作过程，各元部件工作原理是建立微分方程的前提。

2. 传递函数是在零初始条件下系统输出的拉氏变换和输入的拉氏变换之比，是经典控制理论中重要的数学模型，熟练掌握和运用各种传递函数的概念，有助于分析和研究复杂系统。

3. 控制系统是由控制器、执行机构和被控对象及检测装置组成，各个元部件的数学模型都可由典型环节来表示。

4. 结构图是用图形表示的数学模型，具有直观、形象的特点。引入这种数学模型的目的就是为了求系统的传递函数。利用结构图求系统的传递函数，首先需要将结构图进行等效变换，但必须遵循等效变换的原则。对于复杂系统可以利用梅逊公式不必对结构进行等效变换直接计算系统的传递函数。

5. 闭环控制系统的传递函数是分析系统动态性能的主要数学模型，它们在系统分析和设计中的地位十分重要，要深刻理解各种传递函数。

习　题

2-1　试建立如图 2-23 所示系统的微分方程。图中 $u(t)$ 为输入量，$u_{\mathrm{c}}(t)$ 为输出量。

2-2　用拉氏变换法求下列微分方程，设初始条件为零。

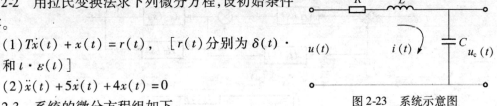

(1) $T\dot{x}(t)+x(t)=r(t)$，　[$r(t)$ 分别为 $\delta(t)\cdot\varepsilon(t)$ 和 $t\cdot\varepsilon(t)$]

(2) $\ddot{x}(t)+5\dot{x}(t)+4x(t)=0$

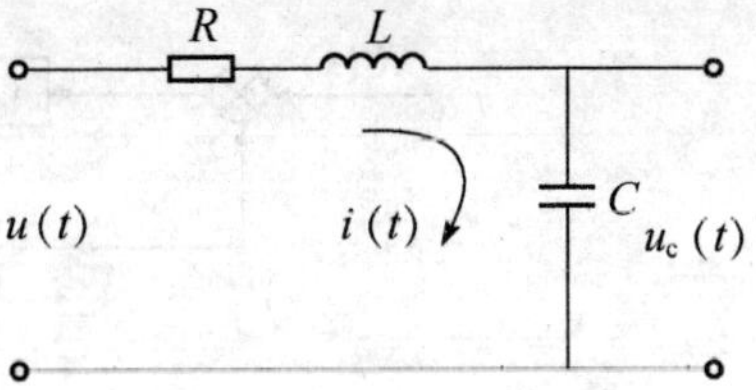

图 2-23　系统示意图

2-3　系统的微分方程组如下：

$$x_1(t)=r(t)-c(t)$$

$$x_2(t)=\tau\frac{dx_1(t)}{dt}+K_1x_1(t)$$

$$x_3(t)=K_2x_2(t)$$

$$x_4(t)=x_3(t)-2x_2(t)-K_5c(t)$$

$$\frac{dx_5(t)}{dt}=K_3x_4(t)$$

$$K_4x_5(t)=T\frac{dc(t)}{dt}+2c(t)$$

其中，$\tau,K_1,K_2,K_3,K_4,K_5,T$ 均为正常数。试建立系统结构图，并利用梅逊公式和结构图等效变换分别求取系统的传递函数。

2-4　试化简图 2-24 所示的系统结构图，并求传递函数 $\frac{C(s)}{R(s)}$。

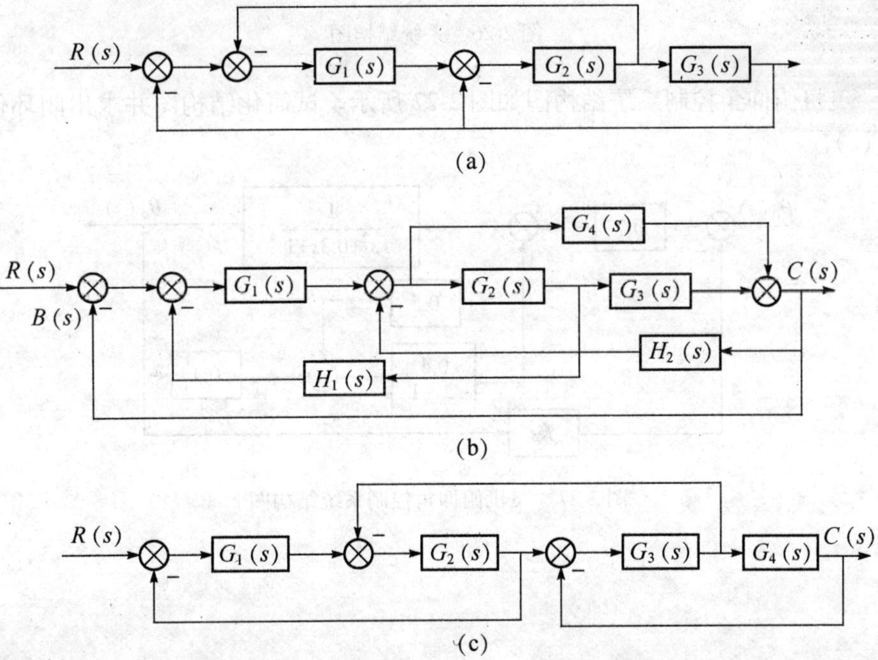

图 2-24　系统结构图

2-5　利用梅逊公式求图 2-25 所示各系统的传递函数 $\frac{C(s)}{R(s)}$。

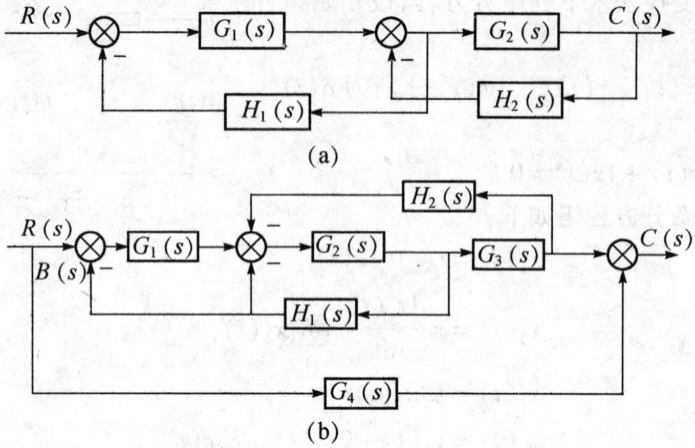

图 2-25　系统

2-6　试求图示系统的传递函数 $C(s)/R(s)$、$C(s)/N_1(s)$、$C(s)/N_2(s)$、$E(s)/R(s)$、$E(s)/N_1(s)$ 和 $E(s)/N_2(s)$。设 $E(s)=R(S)-C(s)$。

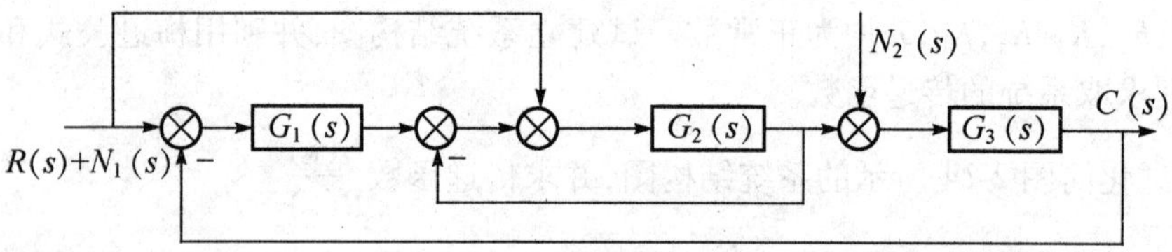

图 2-26　系统结构图

2-7　飞机俯仰角控制系统结构图如图 2-27 所示。试简化结构图并求出闭环传递函数 $\theta_o(s)/\theta_i(s)$。

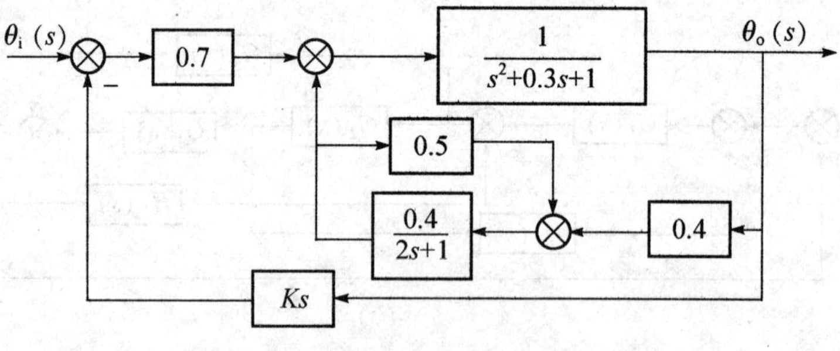

图 2-27　飞机俯仰角控制系统结构图

第3章 时域分析法

分析和设计系统的首要工作是确定系统的数学模型。建立了合理的、便于分析的数学模型以后，就可以对已组成的控制系统进行分析了，进而方能对系统进行评价和改进。

经典控制理论中，常用时域分析法、根轨迹法或频率分析法来分析控制系统的性能。本章介绍的时域分析法是通过传递函数、拉氏变换及其反变换求出系统在典型输入下的输出表达式，从而分析系统时间域内的稳定性、准确性和快速性等性能。与其他分析法比较，时域分析法是一种直接分析法，具有直观和准确的优点，尤其适用于一、二阶系统性能的分析和计算。对二阶以上的高阶系统，则须采用频域分析法和根轨迹法。

3.1 典型输入信号和时域性能指标

3.1.1 典型输入信号

控制系统的输出响应是系统数学模型的解。系统的输出响应不仅取决于系统本身的结构、参数、初始状态，而且和输入信号的形式有关。初始状态可以作统一规定，如规定为零初始状态。如果再将输入信号规定为统一的形式，则系统响应由系统本身的结构、参数来确定，因而更便于对各种系统进行比较和研究。自动控制系统常用的典型输入信号有下面几种形式：

(1)阶跃函数

定义为：

$$u(t)=\begin{cases}U, & t\geqslant 0\\ 0, & t<0\end{cases} \tag{3-1}$$

式中，U 是常数，称为阶跃函数的阶跃值。$U=1$ 的阶跃函数称为单位阶跃函数，记成1。如图3-1所示。单位阶跃函数的拉氏变换为 $1/s$。

在 $t=0$ 处的阶跃信号，相当于一个不变的信号突然加到系统上，如指令的突然转换、电源的突然接通、负荷的突变等，都可视为阶跃作用。

(2)斜坡函数

定义为：

$$u(t)=\begin{cases}Ut, & t\geqslant 0\\ 0, & t<0\end{cases} \tag{3-2}$$

这种函数相当于随动系统中加入一个按恒速变化的位置信号，恒速度为 U。当 $U=1$ 时，称为单位斜坡函数，如图3-2所示。单位斜坡函数的拉氏变换为 $1/s^2$。

(3)抛物线函数

定义为：

$$u(t)=\begin{cases}\frac{1}{2}Ut^2, & t\geqslant 0\\ 0, & t<0\end{cases} \tag{3-3}$$

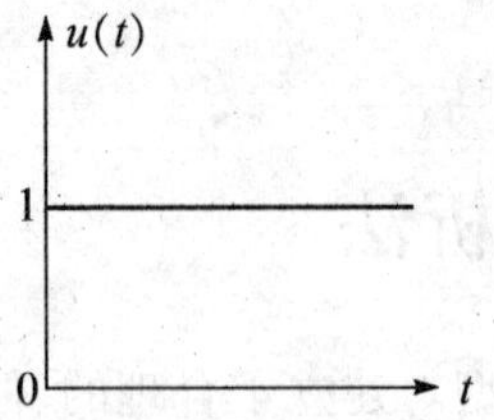

图 3-1　单位阶跃函数

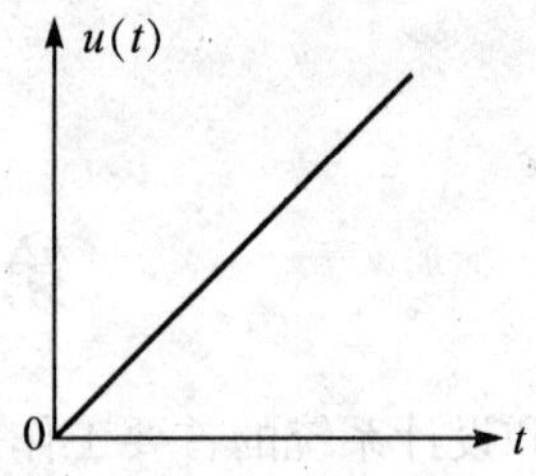

图 3-2　单位斜坡函数

这种函数相当于系统中加入一个按加速度变化的位置信号,加速度为 U。当 $U=1$ 时,称为单位抛物线函数,如图 3-3 所示。单位抛物线函数的拉氏变换为 $1/s^3$。

(4)单位脉冲函数 $\delta(t)$

定义为:

$$\begin{cases} u(t)=\delta(t)=\begin{cases}\infty, & t=0\\ 0, & t\neq 0\end{cases} \\ \int_{-\infty}^{+\infty}\delta(t)\mathrm{d}t=0 \end{cases} \tag{3-4}$$

单位脉冲函数的积分面积是 1。单位脉冲函数如图 3-4 所示。其拉氏变换为 1。单位脉冲函数在现实中是不存在的,它只有数学上的意义。在系统分析中,它是一个重要的数学工具。此外,在实际中有很多信号与脉冲信号相似,如脉冲电压信号、冲击力、阵风等。

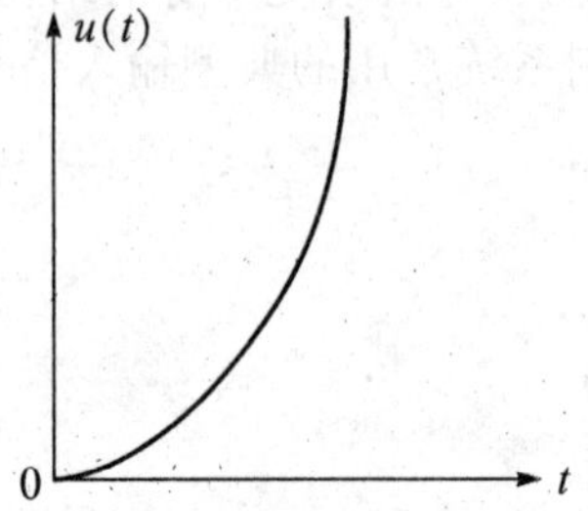

图 3-3　单位抛物线函数

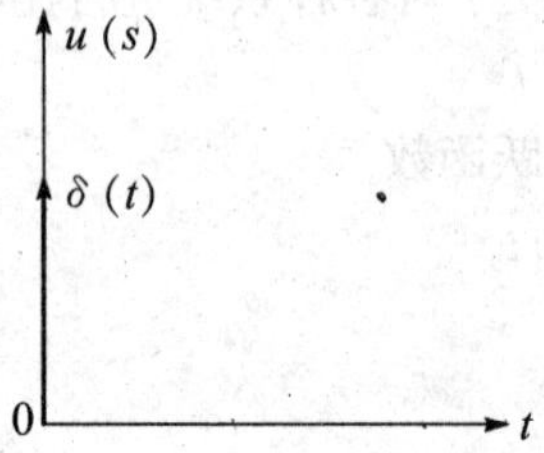

图 3-4　单位脉冲函数

(5)正弦函数

定义为:

$$u(t)=A\sin\omega t \tag{3-5}$$

式中,A 为振幅;ω 为角频率。其拉氏变换为$\dfrac{A\omega}{s^2+\omega^2}$。

用正弦函数作输入信号,可以求得系统对不同频率的正弦输入函数的稳态响应,由此可以间接判断系统的性能。

3.1.2　时域性能指标

时域中评价系统的动态性能,通常以系统对单位阶跃输入信号的动态响应为依据。这时系统的动态响应曲线称为单位阶跃响应或单位过渡特性,典型的响应曲线如图 3-5 所示。为了评价系统的动态性能,规定如下指标:

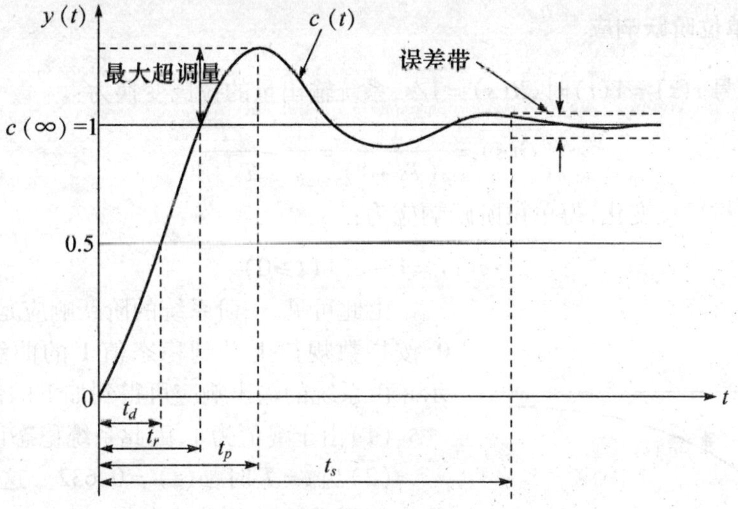

图 3-5　单位阶跃输入信号下的动态响应

(1)延迟时间 t_d。指输出响应第一次达到稳态值 50% 所需的时间。

(2)上升时间 t_r。指输出响应从稳态值的 10% 上升到 90% 所需的时间。对有振荡的系统,则取响应从零到第一次达到稳态值所需的时间。

(3)峰值时间 t_p。指输出响应超过稳态值而达到第一个峰值[即 $c(t_p)$]所需的时间。

(4)调节时间 t_s。指当输出量 $c(t)$ 和稳态值 $c(\infty)$ 之间的偏差达到允许范围(一般取 2% 或 5%)以后不再超过此值所需的最短时间。

(5)最大超调量(或称超调量)$\delta_p\%$。指暂态过程中输出响应的最大值超过稳态值的百分数。即:

$$\delta_p\% = \frac{[c(t_p) - c(\infty)]}{c(\infty)} \times 100\% \tag{3-6}$$

(6)稳态误差 e_{ss}。指系统进入稳态($t\to\infty$)后输出的期望值与实际值的差值。

在上述几项指标中,峰值时间 t_p、上升时间 t_r 和延迟时间 t_d 均表征系统响应初始阶段的快慢;调节时间 t_s 表征系统过渡过程(动态过程)的持续时间,从总体上反映了系统的快速性;而超调量 $\delta_p\%$ 标志动态过程的稳定性;稳态误差 e_{ss} 反映系统跟随输入信号的最终精度。

3.2　一阶系统的时域分析

凡是可用一阶微分方程描述的系统称为一阶系统。一阶系统的传递函数为:

$$G(s) = \frac{1}{Ts+1} \tag{3-7}$$

式中,T 为时间常数,它是表征系统惯性的一个重要参数。所以一阶系统是一个非周期的惯性环节。图 3-6 为一阶系统的结构图。

下面分析在 3 种不同的典型输入信号作用下一阶系统的时域分析。

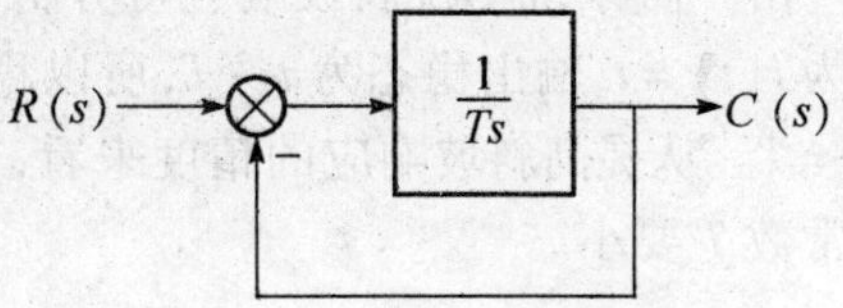

图 3-6　一阶系统的结构图

3.2.1 单位阶跃响应

当输入信号 $r(t)=1(t)$ 时，$R(s)=1/s$，系统输出量的拉氏变换为：

$$C(s)=\frac{1}{s(Ts+1)}=\frac{1}{s}-\frac{T}{Ts+1} \tag{3-8}$$

对上式取拉氏反变化，得单位阶跃响应为：

$$c(t)=1-e^{-\frac{t}{T}}(t\geqslant 0) \tag{3-9}$$

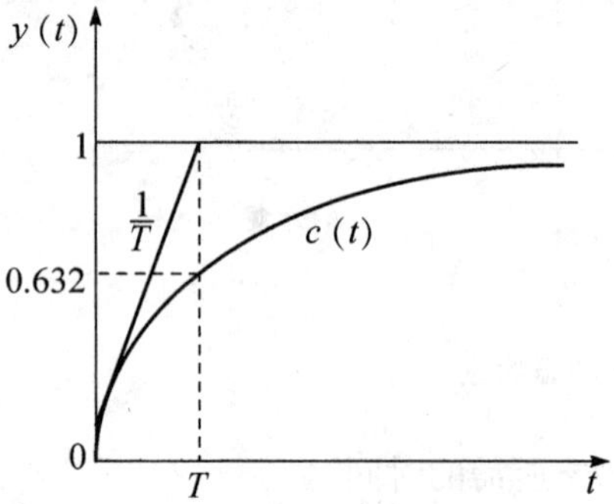

图 3-7 一阶系统的阶跃响应曲线

由此可见，一阶系统的阶跃响应是一条初始值为 0，按指数规律上升到稳态值 1 的曲线，如图 3-7 所示。由系统的输出响应可得到如下的性能：

(1) 由于终值为 1，因此系统稳态误差 e_{ss} 为 0。

(2) 当 $t=T$ 时，$c(t)=0.632$。这表明当系统的单位阶跃响应达到稳态值的 63.2% 时的时间，就是该系统的单位时间常数 T。

单位阶跃响应曲线的初始斜率为：

$$\left.\frac{dc(t)}{dt}\right|_{t=0}=\left.\frac{1}{T}e^{-\frac{t}{T}}\right|_{t=0}=\frac{1}{T} \tag{3-10}$$

这表明一阶系统的单位阶跃响应如果以初始速度上升到稳态值 1，所需的时间恰好等于 T。

(3) 根据动态性能指标的定义可以求得：

调节时间为：$t_s=3T(s)$（±5% 的误差带）

$t_s=4T(s)$（±2% 的误差带）

延迟时间为：$t_d=0.6T(s)$

上升时间为：$t_r=2.20T(s)$

3.2.2 单位斜坡响应

当输入单位斜坡信号时，系统输出量的拉氏变换为：

$$C(s)=\frac{1}{s^2(Ts+1)}=\frac{1}{s^2}-\frac{T}{s}+\frac{T^2}{Ts+1} \quad (t\geqslant 0) \tag{3-11}$$

对上式取拉氏反变换，得单位斜坡响应为：

$$c(t)=(t-T)+Te^{-\frac{t}{T}} \quad (t\geqslant 0) \tag{3-12}$$

式中，$(t-T)$ 为稳态分量；$Te^{-\frac{t}{T}}$ 为动态分量。单位斜坡响应曲线如图 3-8 所示。

由一阶系统单位斜坡响应可分析出，系统存在稳态误差。因为 $r(t)=t$，输出稳态为 $t-T$，所以稳态误差为 $e_{ss}=t-(t-T)=T$。从提高斜坡响应的精度来看，要求一阶系统的时间时间常数 T 要小。

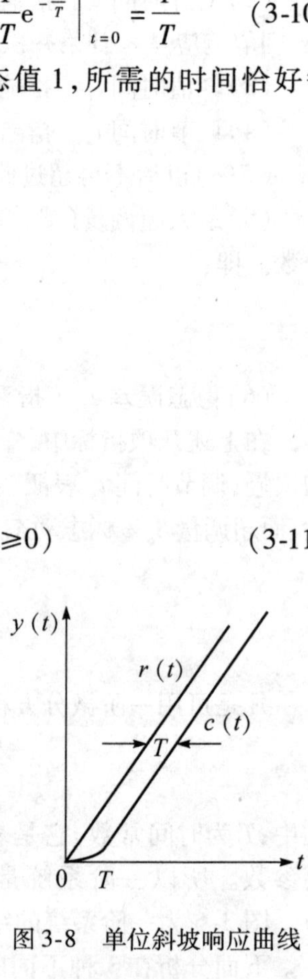

图 3-8 单位斜坡响应曲线

3.2.3　单位脉冲响应

当 $r(t)=\delta(t)$ 时，系统的输出响应为该系统的脉冲响应。

因为 $L[\delta(t)]=1$，一阶系统的脉冲响应的拉氏变换为

$$C(s)=G(s)=\frac{1/T}{s+1/T}$$

对应单位脉冲响应为：

$$c(t)=\frac{1}{T}e^{-\frac{t}{T}}\qquad(t\geqslant 0)\tag{3-13}$$

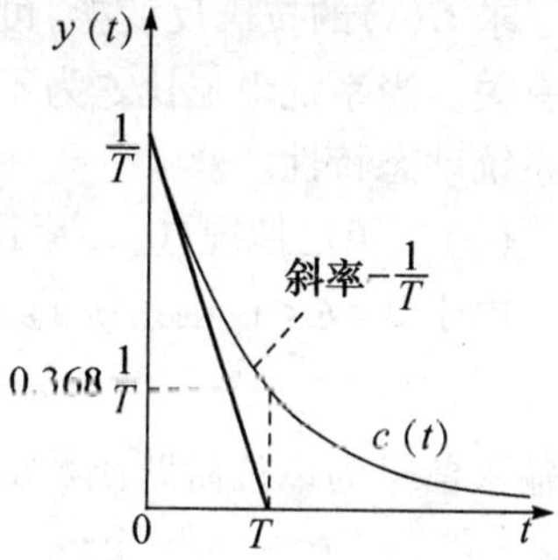

图 3-9　单位脉冲响应曲线

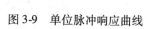

单位脉冲响应曲线如图 3-9 所示。时间常数 T 越小，系统响应速度越快。

3.3　二阶系统的时域分析

凡是可用二阶微分方程描述的系统称为二阶系统。在工程实践中，二阶系统不乏其例。特别是：不少高阶系统在一定条件下可用二阶系统的特性来近似表征。因此，研究典型二阶系统的分析和计算方法，具有较大的实际意义。

3.3.1　典型的二阶系统

图 3-10 为典型的二阶系统动态结构图，系统的开环传递函数为：

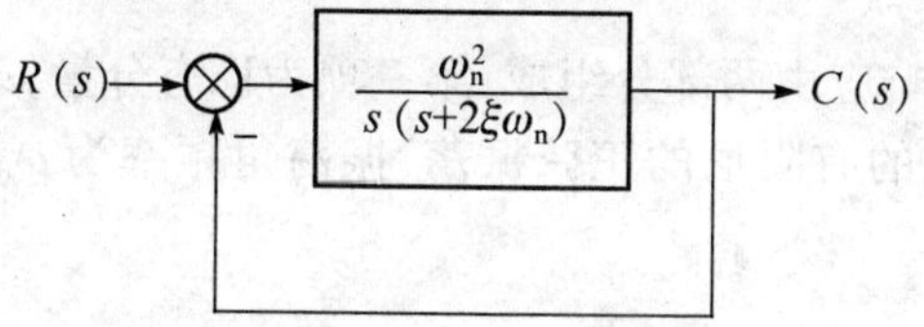

图 3-10　典型的二阶系统动态结构图

$$G(s)=\frac{\omega_n^{\ 2}}{s(s+2\xi\omega_n)}\tag{3-14}$$

系统的闭环传递函数为：

$$\Phi(s)=\frac{C(s)}{R(s)}=\frac{\omega_n^2}{s^2+2\xi\omega_n s+\omega_n^2}\tag{3-15}$$

式(3-15)称为典型二阶系统的传递函数。

式中，ξ 为典型二阶系统的阻尼比（相对阻尼比）；ω_n 为无阻尼振荡频率或称自然振荡角频率。系统闭环传递函数的分母等于零所得方程式称为系统的特征方程式。典型二阶系统的特征方程式为 $s^2+2\xi\omega_n s+\omega_n^2=0$。它的两个特征根是：

$$s_{1,2}=-\xi\omega_n\pm\omega_n\sqrt{\xi^2-1}\tag{3-16}$$

当 $0<\xi<1$，称为欠阻尼状态。特征根为一对实部为负的共轭复数。

当 $\xi=1$，称为临界阻尼状态。特征根为两个相等的负实数。

当 $\xi>1$，称为过阻尼状态。特征根为两个不相等的负实数。

当 $\xi=0$，称为无阻尼状态。特征根为一对纯虚数。

ξ 和 ω_n 是二阶系统两个重要参数，系统响应特性完全由这两个参数来描述。

3.3.2　二阶系统的阶跃响应

单位阶跃函数作用下，二阶系统输出的拉氏变换为：

$$C(s)=\Phi(s)R(s)=\Phi(s)\frac{1}{s}\tag{3-17}$$

求 $C(s)$ 的拉氏反变换，可得典型二阶系统单位阶跃响应。由于特征根 $s_{1,2}$ 与系统阻尼比有关。当系统阻尼比 ξ 为不同值时，单位阶跃响应有不同的形式，下面分几种情况分析二阶系统动态特性。

(1) 欠阻尼情况 $(0<\xi<1)$

由于 $0<\xi<1$，则系统的一对共轭复数根可写为：

$$s_{1,2}=-\xi\omega_n \pm j\omega_n\sqrt{1-\xi^2} \tag{3-18}$$

当输入信号为单位阶跃函数时，系统输出量的拉氏变换为：

$$\begin{aligned} C(s) &= \frac{\omega_n^2}{s^2+2\xi\omega_n+\omega_n^2}\times\frac{1}{s} \\ &= \frac{1}{s}-\frac{s+\xi\omega_n}{(s+\xi\omega_n)^2+\omega_d^2}-\frac{\xi\omega_n}{(s+\xi\omega_n)^2+\omega_d^2} \end{aligned} \tag{3-19}$$

式中，$\omega_d=\omega_n\sqrt{1-\xi^2}$。对上式进行拉氏反变换，则欠阻尼二阶系统的单位阶跃响应为：

$$\begin{aligned} c(t) &= 1-e^{-\xi\omega_n t}\left(\cos\sqrt{1-\xi^2}\,\omega_n t+\frac{\xi}{\sqrt{1-\xi^2}}\sin\sqrt{1-\xi^2}\,\omega_n t\right) \\ &= 1-\frac{e^{-\xi\omega_n t}}{\sqrt{1-\xi^2}}\sin(\omega_d t+\beta) \quad (t\geqslant 0) \end{aligned} \tag{3-20}$$

式中，$\sin\beta=\sqrt{1-\xi^2}$，$\cos\beta=\xi$，

$$\beta=\arctan\frac{\sqrt{1-\xi^2}}{\xi}=\arccos\xi \tag{3-21}$$

由式(3-20)可知欠阻尼二阶系统的单位阶跃响应由两部分组成：第一项为稳态分量，第二项为动态分量。它是一个幅值按指数规律衰减的有阻尼的正弦振荡，振荡角频率为 ω_d。响应曲线见图 3-11。

(2) 临界阻尼情况 $(\xi=1)$

当 $\xi=1$ 时，系统有两个相等的负实根，为：

$$s_{1,2}=-\omega_n \tag{3-22}$$

在单位阶跃函数作用下，输出量的拉氏变换为：

$$C(s)=\frac{\omega_n^2}{(s^2+2\xi\omega_n+\omega_n^2)}=\frac{1}{s}-\frac{\omega_n}{(s+\omega_n)^2}-\frac{1}{s+\omega_n} \tag{3-23}$$

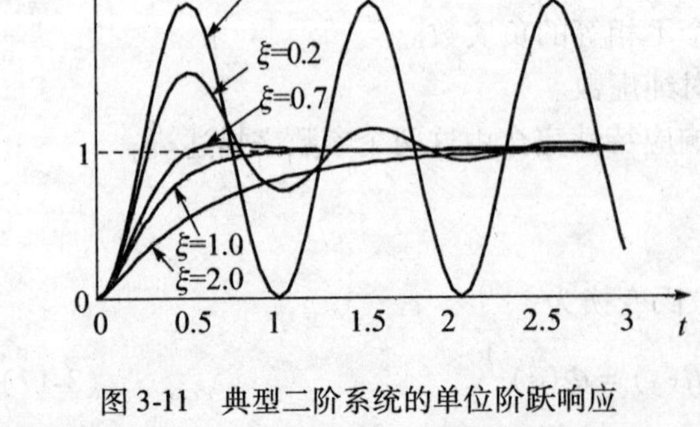

图 3-11　典型二阶系统的单位阶跃响应

其拉氏反变换为：

$$c(t)=1-e^{-\omega_n t}(1+\omega_n t) \quad (t\geqslant 0) \tag{3-24}$$

式(3-23)表明，临界阻尼二阶系统的单位阶跃响应是稳态值为 1 的非周期上升过程，整个响应特性不产生振荡。响应曲线如图 3-11 所示。

(3) 过阻尼情况 $(\xi>1)$

当 $\xi>1$ 时，系统有两个不相等的负实根：

$$s_{1,2} = -\xi\omega_n \pm \omega_n\sqrt{\xi^2 - 1} \tag{3-25}$$

当输入信号为单位阶跃函数时,输出量的拉氏变换为:

$$C(s) = \frac{\omega_n^2}{(s-s_1)(s-s_2)} \times \frac{1}{s} \tag{3-26}$$

其反变换为:

$$c(t) = 1 - \frac{1}{2\sqrt{\xi^2-1}}\left[\frac{e^{-(\xi-\sqrt{\xi^2-1})\omega_n{}^2t}}{\xi-\sqrt{\xi^2-1}} - \frac{e^{-(\xi-\sqrt{\xi^2-1})\omega_n{}^2t}}{\xi+\sqrt{\xi^2-1}}\right] \quad (t \geqslant 0) \tag{3-27}$$

式(3-27)表明,系统响应含有两个单调衰减的指数项,它们的代数和不会超过稳态值1,因而过阻尼二阶系统的单位阶跃响应曲线如图3-11所示。

(4)无阻尼情况($\xi = 0$)

当$\xi = 0$时输出量的拉氏变换为:

$$C(s) = \frac{\omega_n^2}{s(s^2+\omega_n^2)} \tag{3-28}$$

特征方程式的根为:

$$s_{1,2} = \pm j\omega_n \tag{3-29}$$

因此二阶系统的输出响应为:

$$c(t) = 1 - \cos\omega_n t \quad (t \geqslant 0) \tag{3-30}$$

上式表明,系统为衰减的振荡,其振荡频率为ω_n,系统属于临界稳定系统。

综上所述,可以看出,在不同阻尼比ξ时,二阶系统的闭环极点和暂态响应有很大区别。阻尼比ξ为二阶系统的重要特征参量。当$\xi = 0$时系统不能正常工作,而在$\xi > 1$时,系统暂态响应又进行得太慢,所以,对二阶系统来说,欠阻尼情况是最有意义的,下面讨论这种情况下的暂态特性指标。

3.3.3　系统的暂态性能指标

在推导公式之前,需说明欠阻尼二阶系统特征量σ、ξ和ω_n之间的关系。由图3-12可知在欠阻尼时,衰减系数(σ)是闭环极点到虚轴之间的距离;阻尼振荡频率ω_d是闭环极点到实轴的距离,无阻尼振荡频率ω_n是闭环极点到原点的距离。设直线os_1与负实轴夹角为β,则:

$$\xi = \cos\beta \tag{3-31}$$

下面推导欠阻尼二阶系统暂态响应的性能指标和计算式。

(1)上升时间t_r

根据定义,当$t = t_r$时,$c(t_r) = 1$。由式(3-20)得:

$$c(t_r) = 1 - \frac{1}{\sqrt{1-\xi^2}}e^{-\xi\omega_n t_r}\sin(\omega_d t_r + \beta) = 1 \tag{3-32}$$

则:

$$\frac{1}{\sqrt{1-\xi^2}}e^{-\xi\omega_n t_r}\sin(\omega_d t_r + \beta) = 0 \tag{3-33}$$

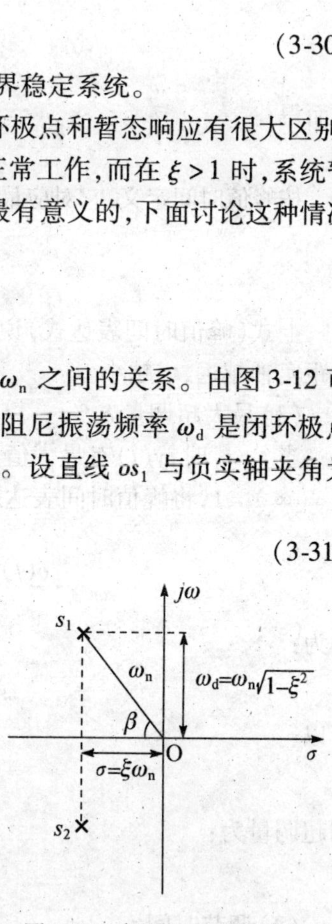

图3-12　欠阻尼二阶系统各参量之间的关系

由于：

$$\frac{1}{\sqrt{1-\xi^2}} \neq 0, \quad e^{-\xi\omega_n t_r} \neq 0 \tag{3-34}$$

所以有：

$$\omega_d t_r + \beta = \pi \tag{3-35}$$

于是上升时间：

$$t_r = (\pi - \beta)/\omega_d \tag{3-36}$$

显然，增大 ω_n 或减小 ξ，均能减小 t_r，从而加快系统的初始响应速度。

(2)峰值时间 t_p

将式(3-20)对时间 t 求导，并令其为零，可求得峰值时间 t_p，即：

$$\left.\frac{dc(t)}{dt}\right|_{t=t_p} = -\frac{1}{\sqrt{1-\xi^2}}\left[-\xi\omega_n e^{-\xi\omega_n t_p}\sin(\omega_d t_p + \beta) + \omega_d e^{-\xi\omega_n t_p}\cos(\omega_d t_p + \beta)\right] = 0 \tag{3-37}$$

从而得：

$$\tan(\omega_d t_p + \beta) = \frac{\sqrt{1-\xi^2}}{\xi} \tag{3-38}$$

因为：

$$\tan\beta = \frac{\sqrt{1-\xi^2}}{\xi} \tag{3-39}$$

从而得：

$$\omega_d t_p = 0, \pi, 2\pi, \cdots \tag{3-40}$$

按峰值时间定义，它对应最大超调量，即 $c(t)$ 第一次出现峰值所对应的时间 t_p，所以应取：

$$t_p = \frac{\pi}{\omega_d} = \frac{\pi}{\omega_n\sqrt{1-\xi^2}} \quad (t \geqslant 0) \tag{3-41}$$

上式(峰值时间表达式)说明，峰值时间恰好等于阻尼振荡周期的一半，当 ξ 一定时极点距实轴越远，t_p 越小。

(3)最大超调量 $\delta_p\%$

当 $t = t_p$ 时，$y(t)$ 有最大值 $c(t)_{max}$，即 $c(t)_{max} = c(t_p)$。对于单位阶跃输入，系统的稳态值 $y(\infty) = 1$，将峰值时间表达式(3-41)代入式(3-20)，得最大输出为：

$$c(t)_{max} = c(t_p) = 1 - \frac{e^{-\frac{\xi\pi}{\sqrt{1-\xi^2}}}}{\sqrt{1-\xi^2}}\sin(\pi + \beta) \tag{3-42}$$

因为：

$$\sin(\pi + \beta) = -\sin\beta = -\sqrt{1-\xi^2} \tag{3-43}$$

所以：

$$c(t_p) = 1 + e^{-\frac{\xi\pi}{\sqrt{1-\xi^2}}} \tag{3-44}$$

则超调量为：

$$\delta_p\% = e^{-\frac{\xi\pi}{\sqrt{1-\xi^2}}} \times 100\% \tag{3-45}$$

(4)调节时间 t_s

根据调节时间的定义，应由式(3-46)求出：

$$\Delta c = c(\infty) - c(t) = \left| \frac{e^{-\xi\omega_n t_s}}{\sqrt{1-\xi^2}} \sin(\omega_d t_s + \beta) \right| \leqslant \Delta \tag{3-46}$$

由式(3-46)可看出,求解式(3-46)十分困难。由于正弦函数存在,t_s 与 ξ 之间的函数关系是不连续的,为了简便起见,可采用近似的计算方法,忽略正弦函数的影响,认为指数函数衰减到$\Delta = 0.05$ 或 $\Delta = 0.02$ 时,暂态过程即进行完毕。这样得到:

$$\frac{e^{-\xi\omega_n t_s}}{\sqrt{1-\xi^2}} = \Delta \tag{3-47}$$

即:

$$t_s = -\frac{1}{\xi\omega_n}\ln(\Delta\sqrt{1-\xi^2}) \tag{3-48}$$

由此求得:

$$t_s(5\%) = \frac{1}{\xi\omega_n}\left[3 - \frac{1}{2}\ln(1-\xi^2)\right] \approx \frac{3}{\xi\omega_n} \quad (0 < \xi < 0.9) \tag{3-49}$$

$$t_s(2\%) = \frac{1}{\xi\omega_n}\left[4 - \frac{1}{2}\ln(1-\xi^2)\right] \approx \frac{4}{\xi\omega_n} \quad (0 < \xi < 0.9) \tag{3-50}$$

通过以上分析可知 t_s 近似与 $\xi\omega_n$ 成反比。在设计系统时 ξ 通常由要求的最大超调量决定,所以调节时间 t_s 由无阻尼自然振荡频率 ω_n 所决定。也就是说,在不改变超调量的条件下,通过改变 ω_n 来改变调节时间 t_s,由以上讨论可得到如下结论:

① 阻尼比 ξ 是二阶系统的重要参数,由 ξ 值的大小,可以间接判断一个二阶系统的暂态品质。在过阻尼的情况下,暂态特性为单调变化曲线,没有超调量和振荡,但调节时间较长,系统反应迟缓。当 $\xi \leqslant 0$ 时输出量作等幅振荡或发散振荡,系统不能稳定工作。

② 一般情况下,系统在欠阻尼情况下工作。但是 ξ 过小,则超调量大,振荡次数多,调节时间长,暂态特性品质差。应该注意,超调量只和阻尼比有关。因此,通常可以根据允许的超调量来选择阻尼比 ξ。

③ 调节时间与系统阻尼比 ξ 和 ω_n 这两个特征参数的乘积成反比。在阻尼比一定时,可通过改变 ω_n 来改变暂态响应的持续时间。ω_n 越大,系统的调节时间越短。

④ 为了限制超调量,并使调节时间 t_s 较短,阻尼比一般在 0.4 ~ 0.8 之间,这时阶跃响应的超调量将在 25% ~ 1.5% 之间。

[例 3-1]　开环传递函数 $G(s) = \dfrac{K}{s(Ts+1)}$的单位反馈随动系统如图 3-13 所示。若$K=16$,$T=0.205$s。试求:(1)典型二阶系统的特征参数 ξ 和 ω_n。(2)暂态特性指标 $\delta_p\%$ 和 t_s。(3)欲使 $\delta_p\% = 16\%$,K 应取何值。

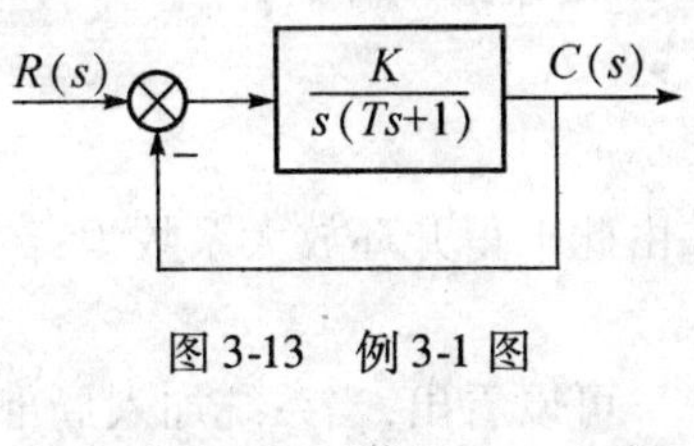

图 3-13　例 3-1 图

解:闭环系统的传递函数为:

$$\Phi(s) = \frac{K}{Ts^2 + s + K} = \frac{K/T}{s^2 + s/T + K/T}$$

令:

$$\Phi(s) = \frac{\omega_n^2}{s^2 + 2\xi\omega_n s + \omega_n^2}$$

为典型二阶系统，比较上两式得：

$$\omega_n=\sqrt{\frac{K}{T}},\qquad \xi=\frac{1}{2\sqrt{KT}}$$

已知 K、T 值，由上式可得：

$$\omega_n=\sqrt{\frac{K}{T}}=\sqrt{\frac{16}{0.25}}=8(\text{rad/s}),\qquad \xi=\frac{1}{2\sqrt{KT}}=0.25$$

由式(3-45)得：

$$\delta_p\%=e^{-\frac{0.25\pi}{\sqrt{1-0.25^2}}}\times100\%=47\%$$

由式(3-50)得：

$$t_s\approx\frac{3}{\xi\omega_n}=\frac{3}{0.25\times8}=1.5\text{s}(\Delta=5\%)$$

$$t_s\approx\frac{4}{\xi\omega_n}=\frac{4}{0.25\times8}=20\text{s}(\Delta=2\%)$$

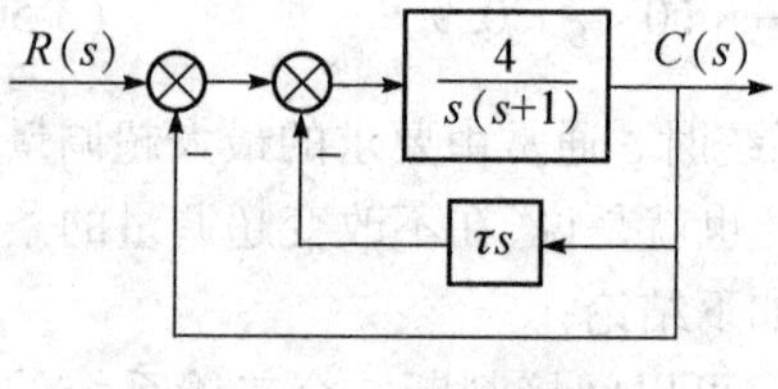

图 3-14　例 3-2 图

为使 $\delta_p\%=16\%$，由式(3-45)求得 $\xi=0.5$，即应使 ξ 由 0.25 增大到 0.5，此时 K 值应减小 4 倍。

［**例 3-2**］　为了改善图 3-14 所示系统的暂态响应指标，满足单位阶跃输入下系统的超调量 $\delta_p\%\leqslant5\%$ 的要求，令加入微分负反馈 τs，如图 3-14 所示。求微分时间常数 τ。

解：系统的开环传递函数为：

$$G(s)=\frac{4}{s(s+1+4\tau)}=\frac{4}{1+4\tau}\times\frac{1}{s\left(\frac{1}{1+4\tau}+1\right)}$$

由上式可看出，等效于控制对象的时间常数减小为 $1/(1+4\tau)$，开环放大系数由 4 降低为 $4/(4+4\tau)$。系统的闭环传递函数为：

$$\Phi(s)=\frac{4}{s^2+(1+4\tau)s+4}$$

为了使 $\delta_p\%\leqslant5$，令 $\xi<0.707$，$2\xi\omega_n=(1+4\tau)$，$\omega_n{}^2=4$，可求得：

$$\tau=\frac{2\xi\omega_n-1}{4}=0.457$$

并由此求得开环放大系数为：

$$K=4/(4+4\tau)=1.414$$

可以看出，当系统加入局部微分负反馈时，相当于增加了系统的阻尼比，提高了系统的稳定性，但同时降低了系统的开环放大系数。

［**例 3-3**］　系统的结构图和单位阶跃响应曲线如图 3-15 所示，试确定 K_1，K_2 和 a 的值。

解：根据系统的结构图可求其闭环传递函数为：

$$\frac{C(s)}{R(s)}=\frac{K_1K_2}{s^2+as+K_2}$$

当输入信号为单位阶跃信号，即 $R(s)=1/s$ 时，输出 $C(s)$ 为：

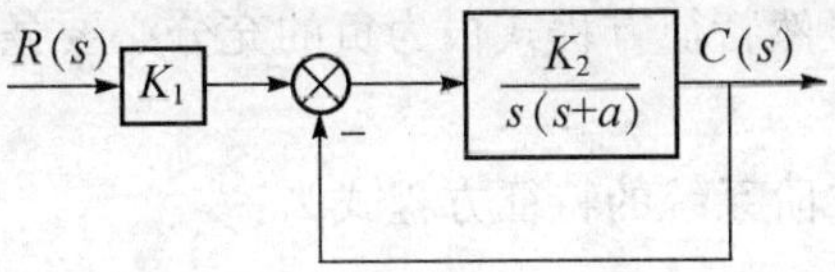

$$C(s) = \frac{K_1K_2}{s(s^2 + as + K_2)}$$

稳态输出为：

$$c(\infty) = \lim_{s\to 0} s \times \frac{K_1K_2}{s(s^2 + as + K_2)} = 2$$

于是求得 $K_1 = 2$。由系统的单位阶跃响应曲线图可得：

$$\delta_p\% = e^{-\frac{\xi\pi}{\sqrt{1-\xi^2}}} = 0.09$$

$$t_p = \frac{\pi}{\omega_n\sqrt{1-\xi^2}} = 0.75$$

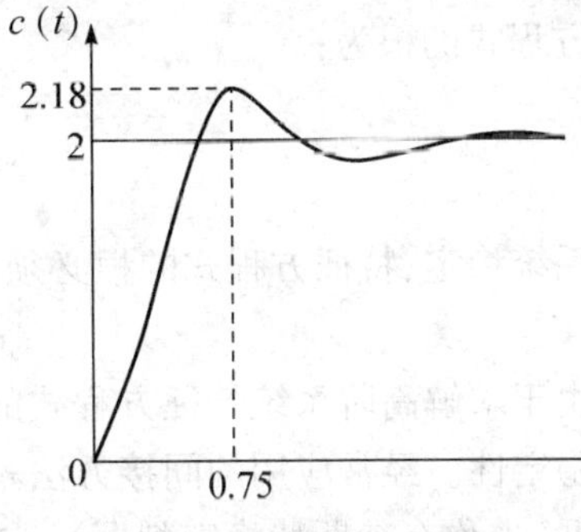

图3-15　例3-3图

解得 $\xi = 0.6, \omega_n = 5.6\text{rad/s}$。$\frac{C(s)}{R(s)}$可表示成二阶系统标准表示式：

$$\frac{C(s)}{R(s)} = \frac{K_1K_2}{s^2 + as + K_2} = \frac{K_1\omega_n^2}{s^2 + 2\xi\omega_n s + \omega_n^2}$$

由上式可得：

$$K_2 = \omega_n^2 = 5.6^2 = 31.36, \quad a = 2\xi\omega_n = 6.72$$

3.4　系统的稳定性分析

3.4.1　系统稳定性的概念和稳定的充分必要条件

系统正常工作的首要条件，是它必须是稳定的。所谓稳定性，简单地说，是指系统受到扰动作用后偏离原来的平衡状态，在扰动作用消失后，经过一段过度时间能否恢复到原来的平衡状态或足够准确地回到原来的平衡状态的性能。若系统能恢复到原来的平衡状态，则称系统是稳定的；若扰动消失后系统不能恢复到原来的平衡状态，则称系统是不稳定的。

线性系统的稳定性取决于系统本身固有的特性，而与扰动信号无关。它决定于扰动取消后动态分量的衰减与否，从上节暂态特性分析中可以看出，动态分量的衰减与否，决定于系统闭环传递函数的极点（系统的特征根）在 s 平面的分布：如果所有极点都分布在 s 平面的左侧，系统的动态分量将逐渐衰减为零，则系统是稳定的；如果有共轭极点分布在 s 平面的虚轴上，则系统的动态分量做等幅振荡，系统处于临界稳定状态；如果有闭环极点分布在 s 平面的右侧，系统具有发散的动态分量，则系统是不稳定的。所以，线性系统稳定的充分必要条件是：系统特征方程式所有的根（即闭环传递函数的极点）全部为负实数或为具有负实部的共轭复数，也就是所由的极点分布在 s 平面虚轴的左侧。

因此，可以根据求解特征方程式的根来判断系统稳定与否。例如，一阶系统的特征方程式为：

$$a_0 s + a_1 = 0 \tag{3-51}$$

特征方程式的根为：

$$s = -\frac{a_0}{a_1} \tag{3-52}$$

显然特征方程式根为负的充分必要条件是 a_0、a_1 均为正值，即：

$$a_0>0、a_1>0$$

二阶系统的特征方程式为：

$$a_0s^2+a_1s+a_2=0 \tag{3-53}$$

特征方程式的根为：

$$s_{1,2}=-\frac{a_1}{2a_0}\pm\sqrt{\left(\frac{a_1}{2a_0}\right)^2-\frac{a_2}{a_0}} \tag{3-54}$$

要使系统稳定，特征方程式的根必须有负实部。因此二阶系统稳定的充分必要条件是：

$$a_0>0、a_1>0、a_2>0$$

由于求解高阶系统特征方程式的根很麻烦，所以对高阶系统一般都采用间接方法来判断其稳定性。经常应用的间接方法是代数稳定判据（也称劳斯—古尔维茨判据）、频域法稳定判据（也称奈奎斯特稳定判据）。本章只介绍代数稳定判据，频域法稳定判据将在后续章节中介绍。

3.4.2 劳斯判据

1887 年，劳斯发表了研究线性定常系统稳定性的方法。该判据的具体内容和步骤如下：

（1）首先列出系统特征方程式：

$$a_0s^n+a_1s^{n-1}+a_2s^{n-2}+\cdots+a_{n-1}s+a_n=0 \tag{3-55}$$

式中各个项系数均为实数，且使：

$$a_i(i=0,1,2\cdots,n)>0 \tag{3-56}$$

（2）根据特征方程式列出劳斯数组表：

$$\begin{array}{lllll}
s^n & a_0 & a_2 & a_4 & a_6 \\
s^{n-1} & a_1 & a_3 & a_5 & a_7 \\
s^{n-2} & b_1 & b_2 & b_3 & b_4 \\
s^{n-3} & c_1 & c_2 & c_3 & c_4 \\
\vdots & \vdots & \vdots & & \\
s^2 & e_1 & e_2 & & \\
s^1 & f_1 & & & \\
s^0 & g_1 & & &
\end{array}$$

表中各未知元素由计算得出，其中：

$$b_1=\frac{a_1a_2-a_0a_3}{a_1},b_2=\frac{a_1a_4-a_0a_5}{a_1},b_3=\frac{a_1a_6-a_0a_7}{a_1},\cdots \tag{3-57}$$

$$c_1=\frac{b_1a_3-a_1b_2}{b_1},c_2=\frac{b_1a_5-a_1b_3}{b_1},c_3=\frac{b_1a_7-a_1b_4}{b_1},\cdots \tag{3-58}$$

同样的方法，求取表中其余行的系数，一直到第 $n+1$ 行排完为止。

（3）根据劳斯表中第一列各元素的符号，用劳斯判据来判断系统的稳定性。劳斯判据的内容如下：

① 如果劳斯去中第一列的系数均为正值，则其特征方程式的根都在 s 的左半平面，相

应的系统是稳定的。

② 如果劳斯表中第一列系数的符号发生变化,则系统不稳定,且第一列元素正负号的改变次数等于特征方程式的根在 s 平面右半部分的个数。

[**例 3-4**]　三阶系统的特征方程式为:

$$a_0s^3+a_1s^2+a_2s+a_3=0$$

列出劳斯表为:

$$\begin{array}{lll} s^3 & a_0 & a_2 \\ s^2 & a_1 & a_3 \\ s^1 & \dfrac{a_1a_2-a_0a_3}{a_1} & \\ s^0 & a_3 & \end{array}$$

系统稳定的充要条件是:

$$a_0>0,a_1>0,a_2>0,a_3>0,a_1a_2-a_0a_3>0$$

[**例 3-5**]　设系统的特征方程式为:

$$s^4+2s^3+3s^2+4s+5=0$$

试用劳斯判据判断系统的稳定性。

解:劳斯表如下:

$$\begin{array}{llll} s^4 & 1 & 3 & 5 \\ s^3 & 2 & 4 & \\ s^2 & (2\times3-1\times4)/2=1 & (2\times5-1\times0)/2=5 & \\ s^1 & (1\times4-2\times5)/2=-6 & & \\ s^0 & (-6\times5)/(-6)=5 & & \end{array}$$

劳斯表左端第一列中有负数,所以系统不稳定;又由于第一列数的符号改变两次,1→-6→5,所以系统有两个根在 s 平面的右半平面。

(4)两种特殊情况

在劳斯数组表的计算过程中,可能出现以下两种特殊情况:

1)劳斯表中某一行左边第一个数为零,但其余各项不为零。在这种情况下,可以用一个很小的正数 ε 代替这个零,并据此计算出数组中其余各项。如果劳斯表第一列中各项的符号都为正,则说明系统处于稳定状态;如果第一列各项的符号不同,表明有符号变化,则系统不稳定。

[**例 3-6**]　系统特征方程式为 $s^4+2s^3+s^2+2s+1=0$,试用劳斯判据判断系统的稳定性。

解:特征方程式各项系数均为正数,劳斯表如下判别系统的稳定性:

$$\begin{array}{llll} s^4 & 1 & 1 & 1 \\ s^3 & 2 & 2 & \\ s^2 & 0(\varepsilon) & & \\ s^1 & 2-2/\varepsilon & & \end{array}$$

由于 ε 是很小的正数,s^1 行第一列元素就是一个绝对值很大的负数。整个劳斯表中第一列元素符号共改变两次,所以系统有两个位于右半 s 面的根。

2)如果劳斯表中某一行中的所有元素都为零,则表明系统存在两个大小相等符号相反的实根和(或)两个共轭虚根。

利用全零行上面一行的系数构成一个辅助方程式，将对辅助方程式求导后的系数列列入该行，这样，数组表中其余各行的计算可继续下去。s 平面中这些大小相等、径向相反的根可以通过辅助方程式得到，而且这些根的个数总是偶数。

[**例 3-7**] 系统特征方程式为 $s^5+s^4+3s^3+3s^2+2s+2=0$，使用劳斯判据判别系统的稳定性。

解：该系统劳斯表如下：

$$\begin{array}{llll} s^5 & 1 & 3 & 2 \\ s^4 & 1 & 3 & 2 \\ s^3 & 0 & 0 & \end{array}$$

由此表可以看出，s^3 行的各项全部为零。为了求出 s^3 行及以下各行的元素，将 s^4 行组成辅助方程式为：

$$A(s)=s^4+3s^2+2s^0$$

将辅助方程式 $A(s)$ 对 s 求导数得：

$$\frac{\mathrm{d}A(s)}{\mathrm{d}s}=4s^3+6s$$

用上式中的各项系数作为 s^3 行的系数，并计算以下各行的系数，得劳斯表为：

$$\begin{array}{llll} s^5 & 1 & 3 & 2 \\ s^4 & 1 & 3 & 2 \\ s^3 & 4 & 6 & \\ s^2 & 3/2 & 2 & \\ s^1 & 2/3 & & \\ s^0 & 2 & & \end{array}$$

从上表第一列可以看出，各行符号没有改变，说明系统没有特征根在 s 右半平面。但由于辅助方程式可解得系统有两对共轭虚根 $s_{1,2}=\pm j, s_{3,4}=\pm\sqrt{2}j$，因而系统处于临界稳定状态。

3.4.3 古尔维茨判据

下面介绍古尔维茨稳定性判据，设系统的特征方程式为：

$$a_0s^n+a_1s^{n-1}+a_2s^{n-2}+\cdots+a_{n-1}s+a_n=0 \tag{3-59}$$

古尔维茨行列式由下述方法组成。在主对角线上写出从第二项(a_1)到最末一项系数(a_n)，在主对角线以上的各行中，填充下标号码递增的各系数，而在主对角线以下的各行中则填充下标号码递减的各系数。如果在某位置上按次序应填入的系数大于 a_n 或小于 a_0，则在该位置上填以零。对于 n 阶微分方程程式来说，主行列式为：

$$D=\begin{vmatrix} a_1 & a_3 & a_5 & a_7 & \cdots & 0 & 0 & 0 \\ a_0 & a_2 & a_4 & a_6 & \cdots & 0 & 0 & 0 \\ \cdots & \cdots & \cdots & \cdots & \cdots & \cdots & \cdots & \cdots \\ \cdots & \cdots & \cdots & \cdots & \cdots & \cdots & \cdots & \cdots \\ 0 & 0 & 0 & 0 & \cdots & a_{n-2} & a_n & 0 \\ 0 & 0 & 0 & 0 & \cdots & a_{n-3} & a_{n-1} & 0 \\ 0 & 0 & 0 & 0 & \cdots & a_{n-4} & a_{n-2} & a_n \end{vmatrix} \tag{3-60}$$

如果上述主行列式及其对角线上的各子行列式都大于零,则系统稳定,即特征方程式的各根都具有负实部;否则系统不稳定。

［**例 3-8**］　对于四阶特征方程式:

$$a_0s^4 + a_1s^3 + a_2s^2 + a_3s + a_4 = 0$$

稳定判别主行列式为:

$$D = \begin{vmatrix} a_1 & a_3 & 0 & 0 \\ a_0 & a_2 & a_4 & 0 \\ 0 & a_1 & a_3 & 0 \\ 0 & a_0 & a_2 & a_4 \end{vmatrix}$$

因此系统稳定的充要条件为:

$$a_0 > 0、a_1 > 0、a_2 > 0、a_3 > 0、a_4 > 0$$

主行列式及各子行列式也必须大于零。即:

$$D_1 = \begin{vmatrix} a_1 & a_3 \\ a_0 & a_2 \end{vmatrix} = a_1a_2 - a_0a_3 > 0$$

$$D_2 = \begin{vmatrix} a_1 & a_3 & 0 \\ a_0 & a_2 & a_4 \\ 0 & a_1 & a_3 \end{vmatrix} = a_3D - a_1^2a_4 > 0$$

$$D_3 = a_4D_2 > 0$$

［**例 3-9**］　系统方程式为:

$$2s^4 + s^3 + 3s^2 + 5s + 10 = 0$$

使用古尔维茨判断,判别系统的稳定性。

$$D = \begin{vmatrix} 1 & 5 & 0 & \\ 2 & 3 & 10 & 0 \\ 0 & 1 & 5 & 0 \\ 0 & 2 & 3 & 10 \end{vmatrix}$$

其中子行列式:

$$D_1 = \begin{vmatrix} 1 & 5 \\ 2 & 3 \end{vmatrix} = -7 < 0$$

由于 $D_1 < 0$,因此不满足古尔维茨行列式全部为正的条件。属不稳定系统。D_2D_3 可以不再进行计算。

3.4.4　代数判据的应用

代数判据除可以根据系统特征方程式的系数判别其稳定性外,还可以检验稳定裕量,求解系统的临界参数,分析系统的结构参数对稳定性的影响,鉴别延迟系统的稳定性等,并从中可以得到一些重要的结论。

(1)稳定裕量

应用代数判据只能给出系统是稳定还是不稳定,即只解决了绝对稳定性的问题。在处理实际问题时,只判断系统是否稳定是不够的。对于实际的系统,如果一个负实部的特征根紧靠虚轴,尽管满足稳定条件,但其暂态过程具有过大的超调量和过于缓慢的响应,甚至由

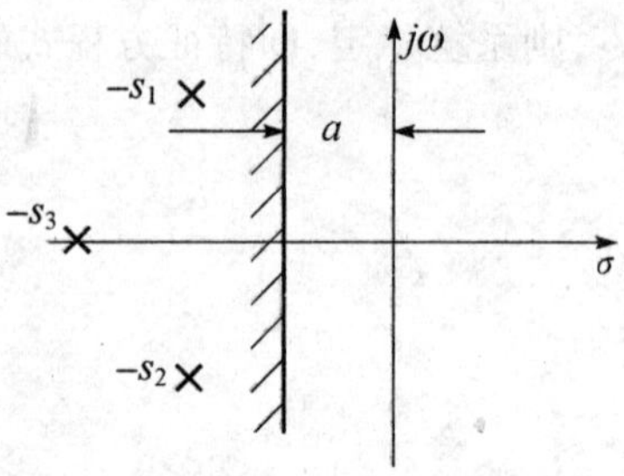

图 3-16　系统的稳定裕量

于系统内部参数的细微变化，就使特征根转移到 s 右半平面，导致系统不稳定。考虑这些因素，往往希望知道系统距离稳定边界有多少裕量，这就是相对稳定性或稳定裕量的问题。

将 s 平面的虚轴向左移动某个数值 a，如图 3-16 所示，即令 $s=z-a$，（a 为正实数），当$z=0$ 时，将 $s=z-a$ 代入系统特征方程式，则得到 z 的多项式，利用代数判据进行判别，即可检验系统的稳定裕量。因为新特征方程式的所有根如果均在新虚轴的左半平面，则说明系统至少具有稳定裕量 a。

[例 3-10]　设比例积分控制系统如图 3-17 所示，K_1 为积分器时间常数有关的待定参数。已知参数 $\xi=0.2$ 及 $\omega_n=88.6$，试用劳斯稳定判决确定使闭环系统稳定的 K_1 值范围。如果要求闭环系统的极点全部位于 $s=-1$ 垂线之左，问 K_1 值范围应取多大?

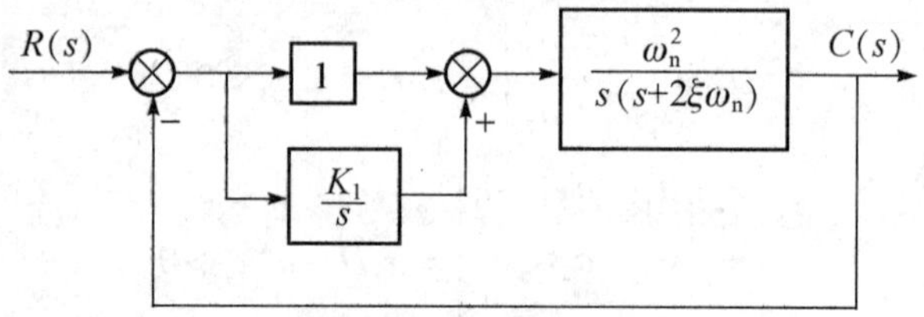

图 3-17　比例积分控制系统

解：根据系统的结构图，可求其闭环传递函数为：

$$\Phi(s)=\frac{\omega_n^{\ 2}(s+K_1)}{s^3+2\xi\omega_n s^2+\omega_n^{\ 2}s+K_1\omega_n^{\ 2}}$$

因而，闭环特征方程式为：

$$D(s)=s^3+2\xi\omega_n s^2+\omega_n^{\ 2}s+K_1\omega_n^{\ 2}=0$$

代入已知的 ξ 和 ω_n，得：

$$D(s)=s^3+34.6s^2+7500s+7500K_1=0$$

列出相应的劳斯表：

s^3	1	7500
s^2	34.6	$7500K_1$
s^1	$(34.6\times7500-7500K_1)/34.6$	
s^0	$7500K_1$	

为使系统稳定，必须使 $34.6\times7500-7500K_1>7500K_1>0$，因此，$K_1$ 的取值范围为 $0<K_1<34.6$。

当要求闭环极点全部位于 $s=-1$ 垂线之左时，可令 $s=s_1-1$，代入原特征方程式，得到如下新特征方程式：

$$(s_1-1)^3+34.6(s_1-1)^2+7500(s_1-1)+7500K_1=0$$

整理得：

$$s_1^3+31.6s_1^2+7433.8s_1+(7500K_1-7466.4)=0$$

相应的劳斯表为：

$$
\begin{array}{lll}
s_1^3 & 1 & 7433.8 \\
s_1^2 & 31.6 & 7500K_1-7466.4 \\
s_1^1 & [31.6\times 7433.8-(7500K_1-7466.4)]/31.6 & \\
s_1^0 & 7500K_1-7466.4 &
\end{array}
$$

令劳斯表的第一列各元素为正,得使全部闭环极点位于 $s=-1$ 垂线之左的 K_1 的取值范围:$1<K_1<32.3$。

(2)利用代数稳定判据可确定系统个别参数变化对稳定性的影响,以及为使系统稳定,这些参数应取值的范围。若讨论的参数为开环放大系数,为使系统稳定的开环放大系数的临界值称为临界放大系数,用 K_1 表示。

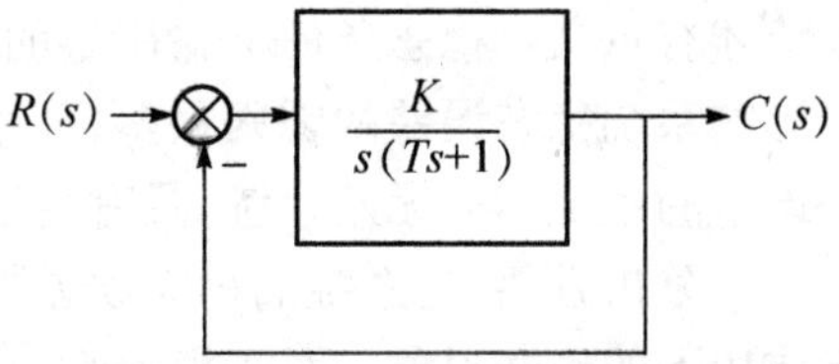

图3-18 系统结构图

[**例3-11**] 已知系统结构图如图3-18所示,试确定使系统稳定的 K 值范围。

解:闭环系统的传递函数为:

$$\Phi(s)=\frac{K}{s^3+3s^2+2s+K}$$

闭环特征方程式为:

$$s^3+3s^2+2s+K=0$$

劳斯表为:

$$
\begin{array}{lll}
s^3 & 1 & 2 \\
s^2 & 3 & K \\
s^1 & (6-K)/3 & \\
s^0 & K &
\end{array}
$$

为使系统稳定,必须使 $K>0,6-k>0$,即 $K<6$。因此,K 的取值范围为 $0<K<6$,临界放大系数为 $K_1=6$。

[**例3-12**] 系统的闭环传递函数为:

$$\Phi(s)=\frac{K}{(T_1s+1)(T_2s+1)(T_3s+1)+K}$$

式中,$K=K_1K_2K_3$。分析系统内部的参数变对稳定性的影响。

解:系统的特征方程式为:

$$T_1T_2T_3s^3+(T_1T_2T_3+T_1T_2+T_2T_3)s^2+(T_1+T_2+T_3)s+1+K=0$$

根据代数稳定判据,三阶系统稳定的充要条件是:

$$a_0>0,a_1>0,a_2>0,a_3>0,a_1a_2-a_0a_3>0$$

对应于该系统,由于 T_1、T_2、T_3 和 K 均大于零,所以要使系统稳定,要求

$$(T_1T_2T_3+T_1T_2+T_2T_3)+(T_1+T_2+T_3)>T_1T_2T_3(1+K)$$

经整理得:

$$K<\frac{T_1}{T_2}+\frac{T_2}{T_3}+\frac{T_3}{T_1}+\frac{T_2}{T_1}+\frac{T_3}{T_2}+\frac{T_1}{T_3}+2$$

假设 $T_1=T_2=T_3$,则使系统稳定的临界放大系数为 $K_1=8$。如果取 $T_3=T_1=10T_2$,则临

界放大系数变为 $K_1=24.2$。由此可见，各环节的时间常数错开程度越大，则系统的临界开环放大系数越大。反过来，如果系统的开环放大系数一定，则时间常数错开程度越大，系统的稳定性越好。

3.5 系统的稳态特性分析

稳态误差是控制系统时域指标之一，用来评价系统稳态性能的好坏。稳态误差仅对稳定系统才有意义。稳态条件下输出量的期望值与稳态值之间存在的误差，称为系统稳态误差。影响系统稳态误差的因素很多，如系统的结构、系统的参数以及输入量的形式等。没有稳态误差的系统称为无差系统，具有稳态误差的系统称为有差系统。

为了分析方便，把系统的稳态误差按输入信号形式不同分为扰动作用下的稳态误差和给定作用下的稳态误差。对于恒值系统，由于给定量是不变的，常用扰动作用下的稳态误差来衡量系统的稳态品质；而对随动系统，给定量是变化的，要求输出量以一定的精度跟随给定量的变化，因此给定稳态误差成为衡量随动系统稳态品质的指标。本节将讨论计算和减少稳态误差的方法。

3.5.1 稳态误差的定义

设控制系统的典型动态结构图如图 3-19 所示。

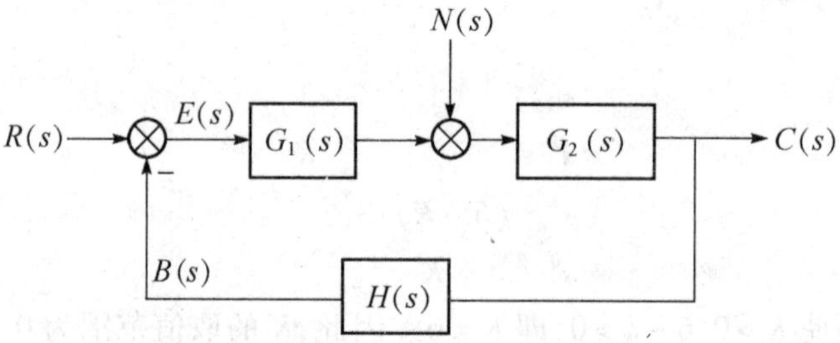

图 3-19 控制系统的典型动态结构图

设给定信号为 $r(t)$，主反馈信号为 $b(t)$，一般定义其差值 $e(t)$ 为误差信号，即：

$$e(t)=r(t)-b(t) \tag{3-61}$$

当时间 $t\to\infty$ 时，此值就是稳态误差，用 e_{ss} 表示，即：

$$e_{ss}=\lim_{t\to\infty}[r(t)-b(t)] \tag{3-62}$$

这种稳态误差的定义是从系统输入端定义的。这个误差在实际系统是可以测量的，因而具有一定的物理意义。

另一种定义误差的方法是由系统的输出端定义，系统输出量的实际值与期望值之差为稳态误差，这种方法定义的误差在实际系统中有时无法测量，因而只有数学上的意义。

对于单位反馈系统，这两种定义是相同的。对于图 3-19 的系统两种定义有如下的简单关系：

$$E'(s)=\frac{E(s)}{H(s)} \tag{3-63}$$

$E(s)$ 为从系统输入端定义的稳态误差，$E'(s)$ 为从系统输出端定义的稳态误差。本书以下均采用从系统输入端定义的稳态误差。

根据前一种定义，由图 3-19 可得系统的误差传递函数为：

$$\Phi_{ER}(s)=\frac{E(s)}{R(s)}=1-\frac{B(s)}{R(s)}=\frac{1}{1+G_1(s)G_2(s)H(s)}=\frac{1}{1+G(s)} \tag{3-64}$$

式中以 $G(s)=G_1(s)G_2(s)H(s)$ 为系统开环传递函数。由此误差的拉氏变换为：

$$E(s)=\frac{R(s)}{1+G(s)} \tag{3-65}$$

给定稳态误差为：

$$e_{ss}=\lim_{t\to\infty}e(t)=\lim_{s\to\infty}sE(s)=\lim_{s\to\infty}\frac{sR(s)}{1+G(s)} \tag{3-66}$$

由此可见，有两个因素决定稳态误差，即系统的开环传递函数 $G(s)$ 和输入信号 $R(s)$。即系统的结构和参数的不同，输入信号的形式和大小的差异，都会引起系统稳态误差的变化。下面讨论这两个因素对稳态误差的影响。

3.5.2　系统的分类

根据开环传递函数中串联的积分器个数，将系统分为几种不同类型。把系统开环传递函数表示成下面形式：

$$G(s)=\frac{K\prod_{i=1}^{m}(\tau_i s+1)}{s^v\prod_{j=1}^{n-v}(T_j s+1)} \tag{3-67}$$

式中 K 为系统的开环增益；v 为开环传递函数中积分环节的个数。

系统按 v 的不同取值可以分为不同类型。$v=0,1,2$ 时，系统分别称为 0 型、Ⅰ型和Ⅱ型系统。$v>2$ 的系统很少见，实际上很难使之稳定，所以这种系统在控制工程中一般不会碰到。

3.5.3　给定作用下的稳态误差

控制系统的稳态性能一般是以阶跃、斜坡和抛物线信号作用在系统上而产生的稳态误差来表征。下面分别讨论这 3 种不同输入信号作用于不同类型的系统时产生的稳态误差。

(1) 单位阶跃函数输入

当 $R(s)=1/s$ 时，由式(3-68)得到稳态误差为：

$$e_{ss}=\lim_{s\to\infty}\frac{s\times\frac{1}{s}}{1+G(s)}=\frac{1}{1+\lim_{s\to\infty}G(s)}=\frac{1}{1+K_p} \tag{3-68}$$

定义 $K_p=\lim_{s\to\infty}G(s)$，$K_p$ 为静态位置误差系数。根据定义得：

$$K_p=\lim_{s\to\infty}\frac{K\prod_{i=1}^{m}(\tau_i s+1)}{s^v\prod_{j=1}^{n-v}(T_j s+1)} \tag{3-69}$$

对 0 型系统：

$$v=0, K_p=K, e_{ss}=1/(1+K_p)$$

由此可见,对于单位阶跃输入,只有0型系统有稳态误差,其大小与系统的开环增益成反比。而Ⅰ型和Ⅱ型以上的系统位置误差系数均为无穷大,稳态误差均为零。

(2)单位斜坡函数输入

当 $R(s)=1/s^2$ 时,系统稳态误差为:

$$e_{ss}=\lim_{s\to\infty}\frac{s\times\frac{1}{s^2}}{1+G(s)}=\frac{1}{1+\lim\limits_{s\to\infty}sG(s)}=\frac{1}{K_v} \tag{3-70}$$

定义 $K_v=\lim\limits_{s\to\infty}sG(s)$,$K_v$ 为静态速度误差系数。根据定义得:

$$K_v=\lim_{s\to\infty}\frac{sK\prod\limits_{i=1}^{m}(\tau_i s+1)}{s^v\prod\limits_{j=1}^{n-v}(T_j s+1)} \tag{3-71}$$

对0型系统:

$$v=0, K_v=0, e_{ss}=\infty$$

对Ⅰ型系统:

$$v=1, K_v=K, e_{ss}=\frac{1}{K_v}$$

对Ⅱ型或高于Ⅱ型系统:

$$v=2,3,\cdots\cdots, K_v=\infty, e_{ss}=0$$

由此可见,对于单位斜坡输入,0型系统稳态误差为无穷大;Ⅰ型系统可以跟踪输入信号,但有稳态误差,该误差与系统的开环增益成反比;Ⅱ型或高于Ⅱ型系统,稳态误差为零。

(3)单位抛物线函数输入

当 $R(s)=1/s^3$ 时,系统稳态误差为:

$$e_{ss}=\lim_{s\to\infty}\frac{s\times\frac{1}{s^3}}{1+G(s)}=\frac{1}{1+\lim\limits_{s\to\infty}s^2G(s)}=\frac{1}{K_a} \tag{3-72}$$

定义 $K_a=\lim\limits_{s\to\infty}s^2G(s)$,$K_a$ 为静态加速度误差系数。

则:

$$K_a=\lim_{s\to\infty}\frac{s^2K\prod\limits_{i=1}^{m}(\tau_i s+1)}{s^v\prod\limits_{j=1}^{n-v}(T_j s+1)} \tag{3-73}$$

对0型系统:

$$v=0, K_a=0, e_{ss}=\infty$$

对Ⅰ型系统:

$$v=1, K_a=0, e_{ss}=\infty$$

对Ⅱ型系统:

$$K_a==K, e_{ss}=1/K$$

对Ⅲ型或高于Ⅲ型系统：

$$v=3,4,\cdots,K_{\mathrm{a}}=\infty,e_{\mathrm{ss}}=0$$

由此可知，0型及Ⅰ型系统都不能跟踪抛物线输入；Ⅱ型系统可以跟踪抛物线输入，但存在一定的误差，该误差与系统的开环增益成反比；只有Ⅲ型或高于Ⅲ型的系统，才能准确跟踪抛物线输入信号。

表3-1列出了不同类型的系统在不同参考输入下的稳态误差。

表3-1　误差系数和稳态误差

系统类型	误差系数			典型输入作用下稳态误差		
	K_{p}	K_{v}	K_{a}	阶跃输入 $r(t)=R.1(t)$	斜坡输入 $r(t)=Rt$	抛物线输入 $r(t)=Rt^2/2$
0型系统	K	0	0	$R/(1+K_{\mathrm{p}})$	∞	∞
Ⅰ型系统	∞	K	0	0	R/K_{v}	∞
Ⅱ型系统	∞	∞	K	0	0	R/K_{a}

［**例3-13**］　设控制系统如图3-20所示，输入信号 $u(t)=1(t)$，试分别确定当 K_{k} 为1和0.1时，系统输出量的稳态误差 e_{ss}。

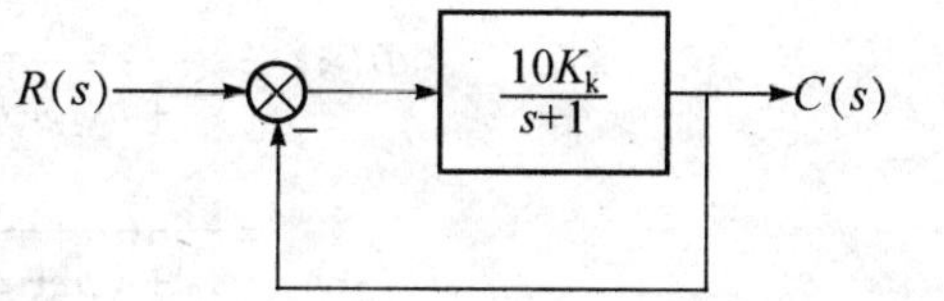

图3-20　控制系统

解：系统的开环传递函数为 $G(s)=\dfrac{10K_{\mathrm{k}}}{s+1}$

由于是0型系统，所以位置误差系数为：

$$K_{\mathrm{p}}=\lim_{s\to\infty}G(s)=10K_{\mathrm{k}}$$

所以：

$$e_{\mathrm{ss}}=\frac{1}{1+K_{\mathrm{p}}}=\frac{1}{1+10K_{\mathrm{k}}}$$

当 $K_k=1$ 时：

$$e_{\mathrm{ss}}=\frac{1}{1+10K_{\mathrm{k}}}=\frac{1}{11}$$

当 $K_{\mathrm{k}}=0.1$ 时：

$$e_{\mathrm{ss}}=\frac{1}{2}=0.5$$

可以看出，随着 K_{k} 的增加，稳态误差 c_{ss} 下降。

［**例3-14**］　已知单位负反馈系统的开环传递函数为 $G(s)=\dfrac{10(s+1)}{s^2(s+4)}$，当参考输入为 $u(t)=4+6t+3t^2$ 时，试求系统的稳态误差。

解：由于系统为Ⅱ型系统，所以阶跃输入和斜坡输入下的稳态误差均为零，抛物线输入时，由于：

$$K_{\mathrm{a}}=\lim_{s\to\infty}s^2G(s)=\frac{10}{4}$$

所以稳态误差为：

$$e_{ss}=\frac{6}{K_a}=\frac{24}{10}=2.4$$

[**例 3-15**]　一单位反馈系统,要求:(1)跟踪单位斜坡输入时系统的稳态误差为 2。(2)设该系统为三阶,其中一对复数闭环极点为 $-1\pm j$。求满足上述要求的开环传递函数。

解:根据要求,可知该系统为Ⅰ型三阶系统,设其开环传递函数为:

$$G(s)=\frac{K}{s(s^2+bs+c)}$$

因为:

$$e_{ss}=\frac{1}{K_v}=2, K_v=0.5$$

可求得:

$$K_v=\frac{K}{c}=0.5, K=0.5c$$

系统的闭环传递函数为:

$$\Phi(s)=\frac{K}{s^3+bs^2+cs+K}=\frac{K}{(s^2+2s+2)(s+p)}$$
$$=\frac{K}{s^3+(p+2)s^2+(2p+2)s+2p}$$

由上式可得:

$$2p=K, 2p+2=c, p+2=b$$

解得:$c=4. K=2, p=1, b=3$,所以系统的开环传递函数为:

$$G(s)=\frac{2}{s(s^2+3s+4)}$$

3.5.4　扰动输入作用下的稳态误差

系统除有给定输入信号外,还承受扰动信号的作用。扰动信号破坏了系统输出和给定输入间的关系。控制系统一方面使输出保持和给定输入一致,另一方面要使干扰对输出的尽可能小,因此干扰对输出的影响反映了系统的抗干扰能力。

计算系统在干扰作用下的稳态误差常用终值定理。应注意:第一,由于给定输入与干扰输入作用于系统的不同位置,因此即使系统对某种形式的给定输入信号作用的稳态误差为零,但对同一形式的扰动信号作用,其稳态误差不一定为零。第二,干扰引起的全部输出就是误差。

下面以图 3-19 所示的恒值控制系统为例,当给定量时,讨论扰动作用下,系统的稳态误差。此时,扰动作用下的误差称为扰动误差,用 $e_n(t)$ 表示,其拉氏变换为:

$$E_n(s)=-\frac{G_2(s)H(s)N(s)}{1+G(s)}=\Phi_{E,N}(s)N(s) \tag{3-74}$$

式中　$G(s)$——系统开环传递函数。

扰动作用下系统的误差传递函数为:

$$\Phi_{E,N}(s)=\frac{E_n(s)}{N(s)}=-\frac{G_2(s)H(s)}{1+G(s)} \tag{3-75}$$

根据拉氏变换终值定理，求得扰动作用下的稳态误差为：

$$e_{\mathrm{ssn}} = \lim_{t\to\infty} e_{\mathrm{n}}(t) = \lim_{s\to 0} sE_{\mathrm{n}}(s) = \lim_{s\to 0} s\Phi_{\mathrm{E,N}}(s)N(s)$$

$$= -\frac{sG_2(s)H(s)N(s)}{1+G(s)} \tag{3-76}$$

由上式可知，系统扰动误差决定于系统的误差传递函数和扰动量。

［**例 3-16**］　设系统结构图如图 3-21 所示，$n(t)=0.1\times 1(t)$，为使其稳态误差 $|e_{\mathrm{ss}}|\leqslant 0.05$，试求 K_1 的取值范围。

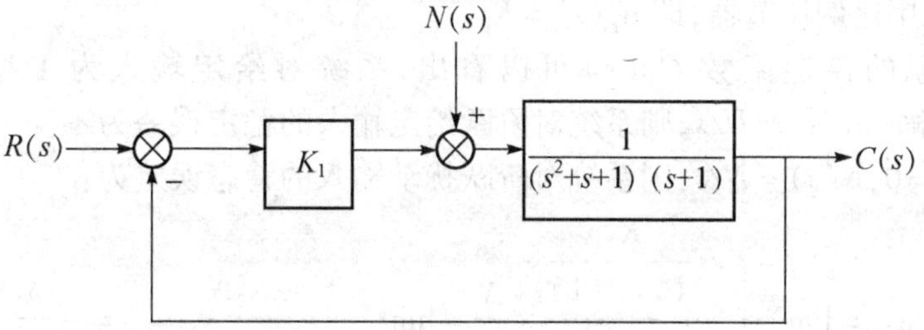

图 3-21　系统结构图

解：对扰动的误差传递函数为：

因而：

$$\Phi_{\mathrm{E,N}}(s) = \frac{-\dfrac{1}{(s^2+s+1)(s+1)}}{1+\dfrac{K_1}{(s^2+s+1)(s+1)}} = \frac{-1}{s^3+2s^2+2s+1+K_1}$$

$$E(s) = \varphi_{\mathrm{en}}(s)\cdot N(s) = \frac{-1}{s^3+2s^2+2s+1+K_1}\cdot\frac{0.1}{s}$$

$$e_{\mathrm{ss}}(t) = \lim_{s\to 0} sE(s) = \lim_{s\to 0} s\frac{-1}{s^3+2s^2+2s+1+K_1}\cdot\frac{0.1}{s} = \frac{-0.1}{1+K_1}$$

根据要求：

$$|e_{\mathrm{ss}}|\leqslant 0.05$$

则有：

$$\frac{0.1}{1+K_1}\leqslant 0.05,\ K_1\geqslant 1$$

应用劳斯判据可以计算出系统稳定时 K_1 的取值范围是 $0<K_1<3$。因此既满足稳态误差的要求，又保证系统稳定，应选取 $1<K_1<3$。

对于恒值系统，典型的扰动量为单位阶跃函数，即 $N(s)=1/s$，则扰动稳态误差为：

$$e_{\mathrm{ssn}} = \lim_{t\to\infty} e_{\mathrm{n}}(t) = \lim_{s\to 0}\frac{-G_2(s)H(s)}{1+G(s)}$$

下面举例说明。

［**例 3-17**］　如图 3-22 是典型工业过程控制系统的动态结构图。设被控对象的传递函数为 $G_{\mathrm{p}}(s)=\dfrac{K_2}{s(T_2s+1)}$，求当采用比例调节器和比例积分调节器时，系统的稳态误差。

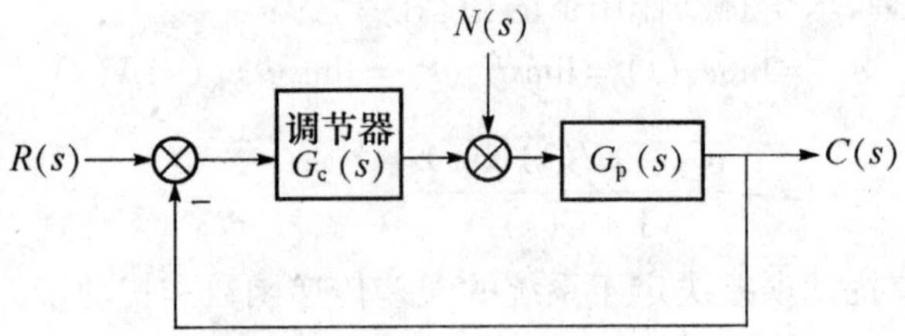

图 3-22 典型工业过程控制系统

解:① 若采用比例调节器,即 $G_c(s)=K_p$。

由被控对象的传递函数 $G_p(s)$ 可以看出,系统对给定输入为 Ⅰ 型系统,令扰动 $N(s)=0$,给定输入 $R(s)=U/s$,则系统对阶跃给定输入的稳定误差为零。

若令 $R(s)=0, N(s)=N/s$,则系统对阶跃扰动输入的稳态误差为:

$$e_{ssn}=\lim_{s\to 0}\frac{-s\times\dfrac{K_2}{s(T_2s+1)}}{1+\dfrac{K_pK_2}{s(T_2s+1)}}\times\frac{N}{s}=\lim_{s\to 0}\frac{-K_2N}{s(T_2s+1)+K_pK_2}=-\frac{N}{K_p}$$

可见,阶跃扰动输入下系统的稳态误差为常值,它与阶跃信号的幅值成正比,与控制比例系数 K_p 成反比。

② 若采用比例积分调节器,即:

$$G_c(s)=K_p\left(1+\frac{1}{T_Is}\right)$$

这时控制系统对给定输入来说是Ⅱ型系统,因此给定输入为阶跃信号、斜率信号时的稳定误差为零。

设 $R(s)=0, N(s)=N/s$ 时:

$$e_{ssn}=\lim_{s\to 0}\frac{-s\times\dfrac{K_2}{s(T_2s+1)}}{1+\dfrac{K_pK_2(T_Is+1)}{T_Is^2(T_2s+1)}}\times\frac{N}{s}=\lim_{s\to 0}\frac{-K_2NT_Is}{T_IT_2s^3+T_Is^2+K_pK_2T_Is+K_pK_2}=0$$

当 $R(s)=0, N(s)=N/s^2$ 时:

$$e_{ssn}=\lim_{s\to 0}\frac{-NK_2T_I}{T_IT_2s^3+T_Is^2+K_pK_2T_Is+K_pK_2}=-\frac{NT_I}{K_p}$$

可见,采用比例积分调节器后,能够消除阶跃扰动作用下的稳态误差。其物理意义在于:因为调节器中包含积分环节,只要稳态误差不为零,调节器的输出必然继续增加,并力图减小这个误差。只有当稳态误差为零时,才能使调节器的输出与扰动信号大小相等而方向相反,这时,系统才进入新的平衡状态。在斜坡扰动作用下,由于扰动为斜坡函数,因此调节器有一个反向斜坡输出与之平衡,这只有调节输入的误差信号为负常值才行。

3.5.5 减小稳态误差的方法

通过上面的分析,下面概括出为了减小系统给定或扰动作用下的稳态误差,可以采取以下几种方法:

(1)保证系统中各个环节(或元件),特别是反馈回路中元件的参数具有一定的精度和恒定性,必要时需采用误差补偿措施。

(2)增大开环放大系数,以提高系统对给定输入的跟踪能力;增大扰动作用前系统前向通道的增益,以降低扰动稳态误差。

增大系统开环放大系数是降低稳态误差的一种简单而有效的方法,但增加开环放大系数的同时会使系统的稳定性降低,为了解决这个问题,在增加开环放大系数的同时附加校正装置,以确保系统的稳定性。

(3)增加系统前向通道中积分环节数目,使系统型号提高,可以消除不同输入信号时的稳态误差。但是,积分环节数目增加会降低系统的稳定性,并影响到其他暂态性能指标。在过程控制系统中,采用比例积分调节器可以消除系统在扰动作用下稳态误差,但为了保证系统的稳定性,相应地要降低比例增益。如果采用比例积分微分调节器,则可以得到更满意的调节效果。

(4)采用前馈控制(复合控制)。为了进一步减小给定和扰动稳态误差,可以采用补偿方法。所谓补偿指作用于控制对象的控制信号中,除了偏差信号外,还引入与扰动或给定量有关的补偿信号,以提高系统的控制精度,减小误差。这种控制称复合控制或前馈控制。该控制的补偿方法如下:

1)对干扰补偿

图3-23是按扰动进行补偿的系统框图。图中$N(s)$为扰动,由$N(s)$到$C(s)$是扰动作用通道。它表示扰动对输出的影响。通过$G_n(s)$人为加上补偿通道,目的在于补偿扰动对系统产生的影响。$G_n(s)$为补偿装置的传递函数。为此,要求当令$R(s)=0$时,求得扰动引起的系统的输出为:

$$C_n(s)=\frac{G_2(s)[G_1(s)G_n(s)-1]}{1+G_1(s)G_n(s)}N(s) \tag{3-77}$$

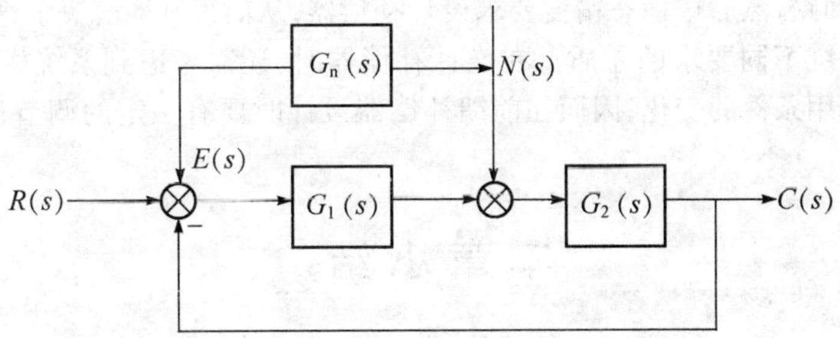

图3-23　按扰动进行补偿的复合控制系统

为了补偿扰动对系统的影响,$C_n(s)=0$,令:

$$G_2(s)[G_1(s)G_n(s)+1]=0 \tag{3-78}$$

则:

$$G_n(s)=-\frac{1}{G_1(s)} \tag{3-79}$$

从而实现了对干扰的全补偿。由于从物理可实现性看,$G_1(s)$的分母阶次高于分子,因而$G_n(s)$的分母阶次低于分子,物理实现很困难,式(3-79)的条件在工程上只有得到近似满足。

2)对给定输入进行补偿

图3-24是对输入进行补偿的系统框图。图中 $G_r(s)$ 为前馈装置的传递函数。由图可得：

$$C_n(s)=\frac{[G_r(s)+1]G_2(s)}{1+G(s)}R(s) \tag{3-80}$$

误差 $E(s)$ 为：

$$E(s)=R(s)-C(s)=\frac{1-G_r(s)G(s)}{1+G(s)}U(s) \tag{3-81}$$

为了实现对误差全补偿,即使 $E(s)=0$,式(3-82)应成立：

$$G_r(s)=\frac{1}{G(s)} \tag{3-82}$$

同样,这是一个理想的结果。式(3-82)在工程上只能给予近似的满足。

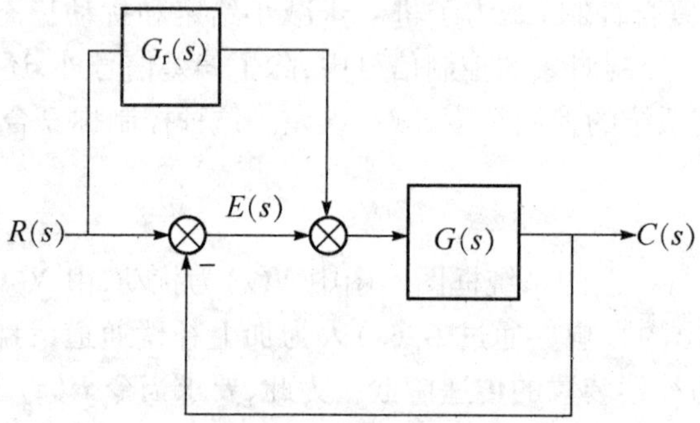

图3-24 对输入进行补偿的复合控制系统

以上的两种补偿方法,补偿器都是在闭环之外。这样在设计系统时,一般按稳定性和动态性能设计闭合回路,然后按稳态精度要求设计补偿器,从而很好地解决了稳态精度和稳定性、动态性能对系统不同要求的矛盾。在设计补偿器时,还需考虑到系统模型和参数的误差,周围环境和使用条件的变化,因而在前馈补偿器设计时要有一定的调节裕量,以便获得满意的补偿效果。

本章小结

1. 时域分析法是通过直接求解系统在典型输入信号作用下的时域响应,来分析控制系统的稳定性、动态性能和稳态性能。

2. 单位阶跃函数是一种重要的函数,控制系统常采用该信号作为输入信号,因为单位阶跃函数比较容易产生,且对系统的考察是严格的。单位脉冲信号则是一种理想化的试验信号。

3. 对二阶系统的分析,在时域分析中占有重要位置。应牢牢掌握系统性能和系统特征向量数间的关系。对一、二阶系统理论分析的结果,是分析高阶系统的基础。

二阶系统在欠阻尼的响应虽有振荡,但只要阻尼比 ξ 取值适当(如 $\xi=0.7$ 左右),既有响应的快速性,又有过渡过程的平稳性,因而在控制工程中常把二阶系统设计为欠阻尼。

如果高阶系统中含有一对闭环主导极点，则该系统的瞬态响应就可以近似用这对主导极点所描述的二阶系统来表征。

4. 稳定性是系统正常工作的首要条件。线性系统的稳定性是系统的一种固有特征，由系统的结构和参数所决定。如果系统特征根全都具有负实部，系统就稳定。稳定性是系统本身的固有特性，取决于系统本身的结构和参数。对于线性定常系统，其稳定性与输入信号的形式和大小无关，与系统的初始状态也无关。

5. 稳态误差是系统很重要的性能指标，它标志着系统最终可能达到的精度。稳态误差既和系统的结构、参数有关，又和外作用的形式及大小有关。系统类型和误差系数既是衡量稳态误差的一种标志，同时也是计算稳态误差的简便方法。系统型号越高，误差系数越大，系统稳态误差越小。

6. 稳态精度与动态性能在对系统的类型和开环增益的要求上是相矛盾的。解决这一矛盾的方法，除了在系统中设置校正装置外，还可用前馈补偿的方法来提高系统的稳态精度。

习　题

3-1　设温度计可用 $1/(Ts+1)$ 描述其特性。现用温度计测量盛在容器内的水温，发现 1min 可指示 98% 的实际水温值。如果容器水温依 10℃/min 的速度线性变化，问温度计的稳态指示误差是多少？

3-2　设一单位负反馈系统的开环传递函数：

$$G(s)=\frac{K}{s(0.1s+1)}$$

试分别求：$K=10s^{-1}$ 和 $K=20s^{-1}$ 时系统的阻尼比 ξ、无阻尼自振频率 ω_n、单位阶跃响应的超调量 $\delta_p\%$ 和峰值时间 t_p，并讨论 K 的大小对动态性能的影响。

3-3　一控制系统的单位阶跃响应为：

$$c(t)=1+0.2e^{-60t}-1.2e^{-10t}$$

① 求系统的闭环传递函数。② 计算系统的阻尼比 ξ 和无阻尼自振频率 ω_n。

3-4　一典型二阶系统的单位阶跃响应曲线如图 3-25 所示，试求其开环传递函数。

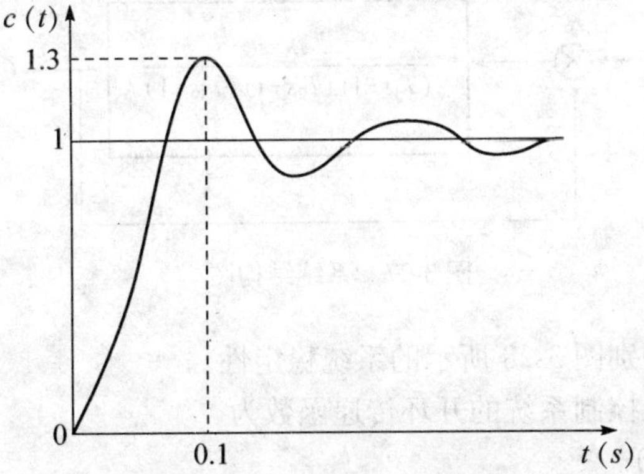

图 3-25　单位阶跃响应曲线

3-5　具有速度反馈的系统如图 3-26 所示。如要求系统阶跃响应超调量等于 15%，峰值时间等于 0.8，试确定 K_1 和 K_2 之值，并计算此时调节时间 t_s。

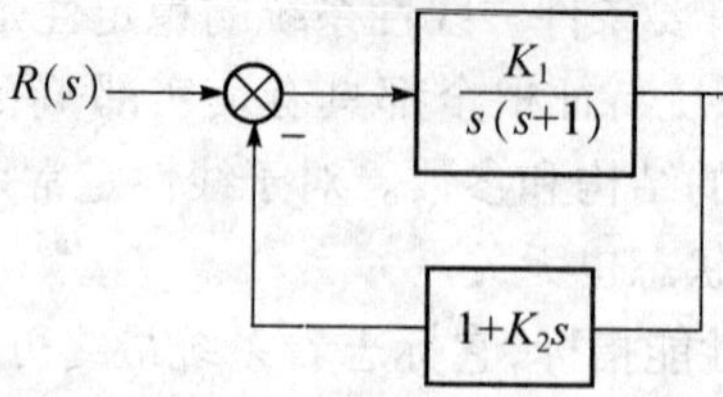

图 3-26　系统结构图

3-6　已知下列各单位反馈系统的开环传递函数：

① $G(s)=\dfrac{10(s+1)}{s(s-1)(s+5)}$

② $G(s)=\dfrac{100}{s(s^2+8s+24)}$

③ $G(s)=\dfrac{10}{s(s-1)(2s+3)}$

试求它们相应闭环系统的稳定性。

3-7　试用劳斯判据确定具有下列特征方程式的系统稳定性。

① $0.02s^3+0.3s^2+s+20=0$

② $s^4+2s^3+2s^2+4s+2=0$

③ $s^5+12s^4+44s^3+48s^2+s+1=0$

④ $s^6+3s^5+5s^4+9s^3+8s^2+6s+4=0$

3-8　已知闭环系统的特征方程如下：

① $0.1s^3+s^2+s+K=0$

② $s^4+4s^3+13s^2+36s+K=0$

试确定系统稳定的尺的取值范围。

3-9　系统结构图如图 3-27 所示。试就 $T_1=T_2=T_3$，$T_1=T_2=10T_3$，$T_1=10$、$T_2=100T_3$ 三种情况求使系统稳定之临界开环增益值。

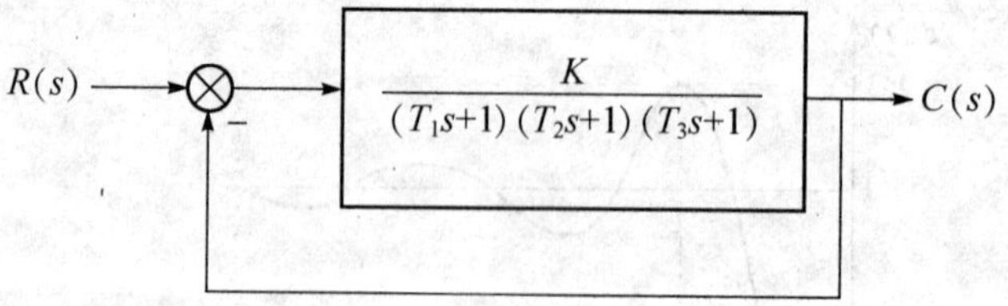

图 3-27　系统结构图

3-10　用劳斯判据判别图 3-28 所示的系统稳定性。

3-11　已知单位反馈控制系统的开环传递函数为

① $G(s)=\dfrac{100}{(0.1s+1)(s+5)}$

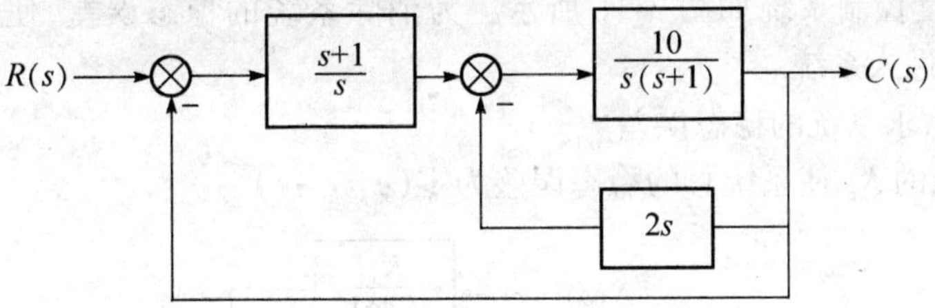

图3-28　系统结构图

② $G(s)=\dfrac{50}{s(0.1s+1)(s+5)}$

③ $G(s)=\dfrac{10(2s+1)}{s^2(s^2+6s+10)}$

试求：

① 位置误差系数、速度误差系数和加速度误差系数。

② 输入 $u(t)=2t$ 时的稳态误差。

③ 输入 $u(t)=2+2t+t^2$ 时的稳态误差。

3-12　对如图3-29所示的系统。试求：

① K_p、K_v 和 K_a。

② 当系统的输入分别为 $50\cdot 1(t)$、$50t\cdot 1(t)$ 和 $50t^2\cdot 1(t)$ 时，系统的稳态误差。

③ 系统的型号。

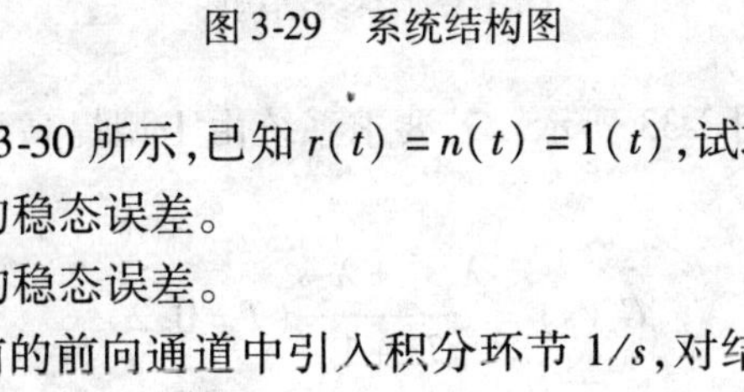

图3-29　系统结构图

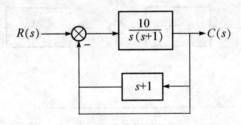

3-13　控制系统如图3-30所示，已知 $r(t)=n(t)=1(t)$，试求

① 当 $K=40$ 时系统的稳态误差。

② 当 $K=20$ 时系统的稳态误差。

③ 在扰动作用点之前的前向通道中引入积分环节 $1/s$，对结果有什么影响？在扰动点之后引入积分环节 $1/s$，结果如何？

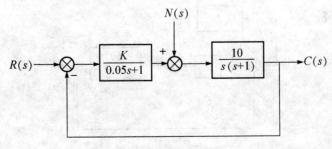

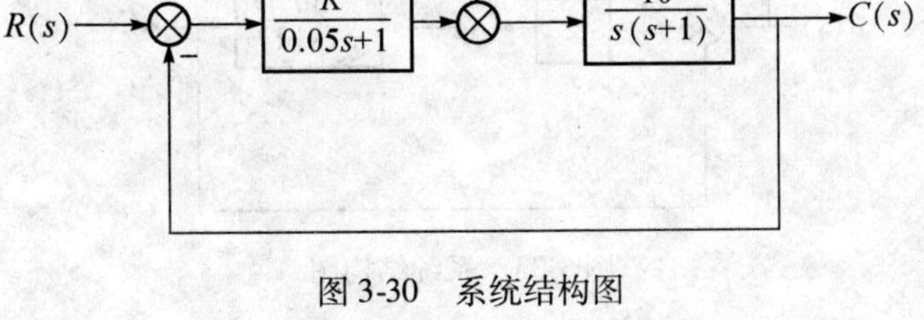

图3-30　系统结构图

3-14　设速度控制系统如图 3-31 所示。为消除系统的稳态误差,使斜坡输入通过比例—微分元件再进入系统。

① $K_d=0$ 时,求系统的稳态误差。

② 选择适当的 K_d 使系统总的稳态误差为零($e=r-c$)。

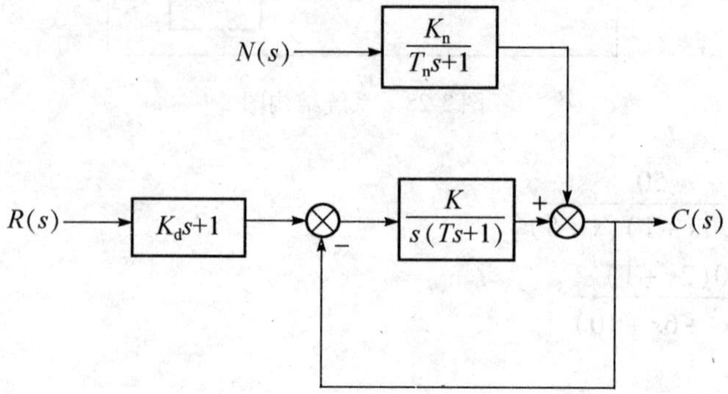

图 3-31　系统结构图

3-15　对于如图 3-32 所示的系统,当 $r(t)=4+6t$,$f(t)=-1(t)$时,试求:

① 系统的稳态误差。

② 如要减少扰动引起的稳态误差,应提高系统哪一部分的比例系数,为什么?

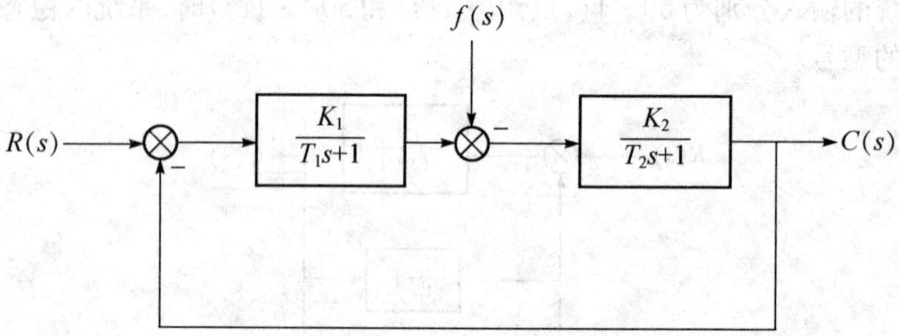

图 3-32　系统结构图

3-16　系统结构图如图 3-33 所示。若要求系统由Ⅰ型提高至Ⅲ型,在系统输入端设顺馈通道其传递函数为:

$$G_c(s)=\frac{\lambda_1 s^2+\lambda_2 s}{Ts+1}(T=0.2)$$

试确定顺馈参数 λ_1 和 λ_2。

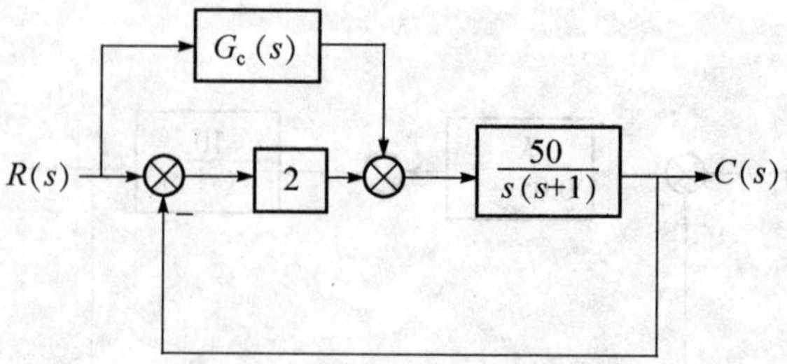

图 3-33　系统结构图

3-17　对如图 3-34 所示系统，求解当 $K=10$ 和 $K=10^5$ 时：

① 系统的型号。

② K_p、K_v、K_a。

③ 系统的输入分别为 $30\cdot 1(t)$、$30t\cdot 1(t)$ 和 $30t^2\cdot 1(t)$ 时，系统的稳态误差。

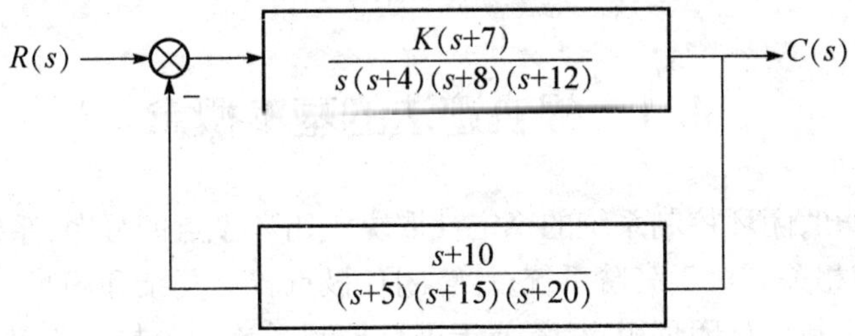

图 3-34　系统结构图

第4章 根轨迹法

4.1 根轨迹法的基本概念

根据第3章可知,闭环控制系统的稳定性取决于闭环极点的分布,系统的动态性能与闭环极点的分布密切相关。对于高阶系统,计算闭环极点较为复杂和困难,而且当系统中的某个参数改变时,需重新计算闭环极点,不便于进行控制系统的分析与设计。1948年,伊凡斯(W. R. Evans)提出了一种简便的求解闭环极点的图解方法——根轨迹法。

4.1.1 根轨迹

(1)根轨迹定义

当控制系统的开环传递函数的某个参数从零变化到无穷大时,闭环极点在 s 平面上的变化轨迹称为根轨迹。利用根轨迹进行线性控制系统分析和设计的方法称为根轨迹法。

[例4-1] 单位负反馈控制系统如图4-1所示,试分析参数 K 变化对系统性能的影响。

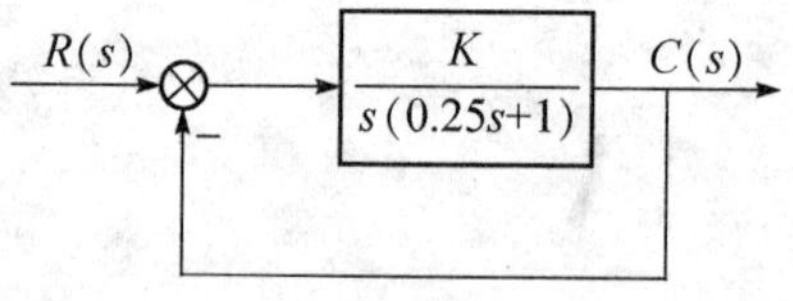

图4-1 单位负反馈控制系统

解:该系统的开环传递函数为 $G(s)H(s)=\dfrac{K}{s(0.25s+1)}$,开环极点为 $p_1=0$、$p_2=-4$;系统的闭环传递函数为 $\Phi(s)=\dfrac{C(s)}{R(s)}=\dfrac{4K}{s^2+4s+4K}$,闭环极点为 $s_{1,2}=-2\pm2\sqrt{1-K}$。

当系统参数 K 从零变化到无穷大时,闭环极点的变化为:

1)$K=0$ 时,$s_1=0$、$s_2=-4$,闭环极点与开环极点相同;

2)$0<K<1$ 时,随着 K 增大,s_1 减小、s_2 增大,闭环极点为两个不相等的负实数;

3)$K=1$ 时,$s_1=s_2=-2$,闭环极点为两个相等的负实数;

4)$1<K<\infty$ 时,随着 K 增大,s_1 的虚部增大、s_2 的虚部减小,闭环极点为一对实部为负的共轭复数。

闭环极点随着参数 K 变化的轨迹,如图4-2所示。

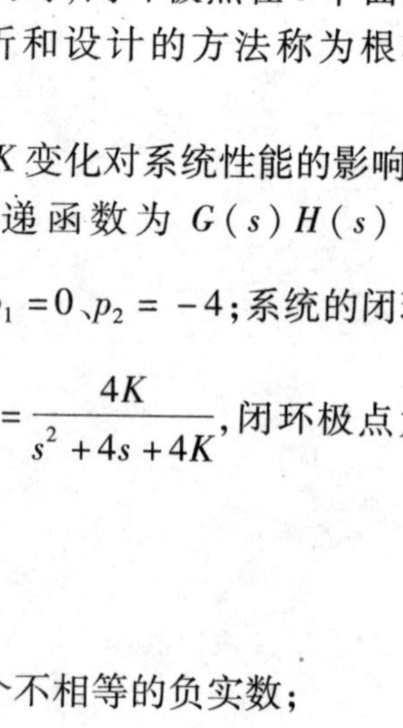

图4-2 系统的根轨迹

(2)根轨迹与系统性能的关系

根据如图4-2所示系统根轨迹,分析系统性能随参数 K 变化的规律。

1)稳定性。当参数 K 从零变到无穷大时,根轨迹全部在 s 左半平面。因此,只要 $K>0$,图4-1所示系统是稳定的。

2)稳态性能。图4-1所示系统的开环传递函数可知该系统为Ⅰ型系统,阶跃响应的稳态误差 $e_{ss}=0$。

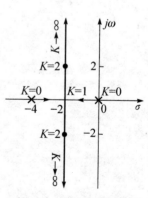

3）动态性能。当 $0<K<1$ 时，图 4-1 所示系统的闭环极点为不相等的两个负实根，系统为过阻尼状态；当 $K=1$ 时，闭环极点为两个相等的负实根，系统为临界阻尼状态；当 $K>1$ 时，闭环极点为一对实部为负的共轭复根，系统为欠阻尼状态。

4.1.2 根轨迹方程

（1）根轨迹方程

闭环控制系统的结构图如图 4-3 所示，设系统的开环传递函数 $G(s)H(s)$ 有 m 个零点、n 个极点（$m\leqslant n$），其开环传递函数的零、极点表达式为：

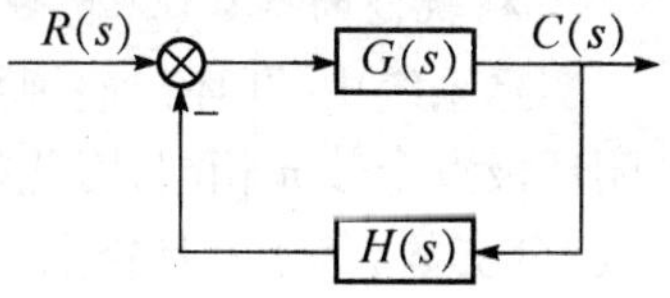

图 4-3 闭环控制系统

$$G(s)H(s)=\frac{K_{\mathrm{r}}\prod_{j=1}^{m}(s+z_j)}{\prod_{i=1}^{n}(s+p_i)} \tag{4-1}$$

式中 z_j——开环传递函数的零点（$j=1,2,\cdots,m$），用符号“○”表示；

p_i——开环传递函数的极点（$i=1,2,\cdots,n$），用符号“×”表示；

K_{r}——系统的根轨迹增益。

系统的闭环特征方程为 $1+G(s)H(s)=0$，则根轨迹方程如式(4-2)所示：

$$G(s)H(s)=\frac{K_{\mathrm{r}}\prod_{j=1}^{m}(s+z_j)}{\prod_{i=1}^{n}(s+p_i)}=-1 \tag{4-2}$$

根轨迹方程的解即系统的闭环极点，取决于系统的开环零点、极点及根轨迹增益 K_{r}。

（2）幅值条件

根轨迹方程的绝对值称为幅值条件，即：

$$|G(s)H(s)|=\frac{K_{\mathrm{r}}\prod_{j=1}^{m}|(s+z_j)|}{\prod_{i=1}^{n}|(s+p_i)|}=1 \tag{4-3}$$

（3）相角条件

根轨迹方程的相角称为相角条件，即：

$$\angle G(s)H(s)=\sum_{j=1}^{m}(s+z_j)-\sum_{i=1}^{n}(s+p_i)=(2k+1)180°=(2k+1)\pi,k=0,\pm1,\pm2,\cdots \tag{4-4}$$

（4）结论

1）满足相角条件的点即根轨迹上的点，根轨迹上的点必定满足相角条件。因此，相角条件是确定根轨迹上点的充分必要条件。

2）根轨迹上的点对应的根轨迹增益 K_{r} 值，可由幅值条件求得。

4.2 绘制根轨迹的基本规则

当根轨迹增益 K_{r} 变化时，根据相角条件和幅值条件绘制根轨迹的基本规则。

1. 根轨迹的对称性

根轨迹关于实轴对称。因为系统的闭环极点为实根或复根,复根共轭成对出现且关于实轴对称,因此系统的根轨迹关于实轴对称。

2. 根轨迹的条数(分支数)

实际系统中,开环传递函数的分母阶次 n 总是大于等于分子阶次 m,系统开环极点个数与闭环极点个数 n 相同,因此根轨迹的条数等于开环传递函数的极点个数 n。即根轨迹的条数(分支数)等于开环极点个数。

3. 根轨迹的起点、终点

根轨迹起始于 n 个开环极点、终止于 m 个开环零点,当开环极点个数 n 大于开环零点个数 m 时,其余$(n-m)$条根轨迹终止于无穷远处。

根轨迹的起点为根轨迹增益 $K_r=0$ 时满足幅值条件的点。根据幅值条件式(4-3)可知,

$\frac{1}{K_r}=\frac{\prod_{j=1}^{m}|(s+z_j)|}{\prod_{i=1}^{n}|(s+p_i)|}$,则 $K_r=0$ 时,得:

$$\lim_{K_r\to 0}\frac{1}{K_r}=\lim_{K_r\to\infty}\frac{\prod_{j=1}^{m}|(s+z_j)|}{\prod_{i=1}^{n}|(s+p_i)|}=\infty \tag{4-5}$$

因此,开环传递函数的极点 $s=-p_i(i=1,2,\cdots,n)$ 是 n 条根轨迹的起点。

根轨迹的终点为根轨迹增益 $K_r=\to\infty$ 时满足幅值条件的点。根据幅值条件式(4-3)可知,$\frac{1}{K_r}=\frac{\prod_{j=1}^{m}|(s+z_j)|}{\prod_{i=1}^{n}|(s+p_i)|}$,则 $K_r=\to\infty$ 时,得:

$$\lim_{K_r\to\infty}\frac{1}{K_r}=\lim_{K_r\to\infty}\frac{\prod_{j=1}^{m}|(s+z_j)|}{\prod_{i=1}^{n}|(s+p_i)|}=0 \tag{4-6}$$

因此,开环传递函数的零点 $s=-z_j(j=1,2,\cdots,m)$ 是 m 条根轨迹的终点,当 $n>m$ 时,其余$(n-m)$条根轨迹的终点为无穷远处,即开环传递函数的极点 $s\to\infty\ \angle\varphi(i=m,m+1,\cdots n)$。

4. 实轴上的根轨迹

实轴上的 l 个开环零点、k 个开环极点将实轴分为$(l+k+1)$段,每一段实轴上右侧的开环零点、极点个数之和为奇数,则该段实轴为根轨迹。

根据相角条件式(4-4)可知,开环复数零点、复数极点与实轴上的开环零点、极点之间的夹角为 0 或 2π;与位于实轴上某个点的右侧的实轴上的开环零点、极点之间的夹角为 π,与位于实轴上某个点的左侧的实轴上的开环零点、极点之间的夹角为 0。因此根据相角条件,实轴上的根轨迹取决于实轴上某个点右侧的实轴上开环零点、开环极点个数之和,当个数之和为奇数时,该点满足相角条件,即该点为根轨迹上的点。

[例 4-2] 已知单位负反馈系统的开环传递函数为 $G(s)H(s)=\frac{K_r(s+1)}{s(s+2)}$,试概略绘制

该系统的根轨迹。

解:根据开环传递函数可知,该系统有两个开环极点即 $n=2$,分别为 $p_1=0$ 和 $p_2=-2$;一个开环零点即 $m=1$,为 $z_1=-1$。

(1)开环极点数 $n=2$,该系统有两条根轨迹;

(2)两条根轨迹起始于开环极点 0 及 -2,终止于开环零点 -1 及无穷远处;

(3)实轴上的根轨迹为$[-1,0]$和$(-\infty,-2]$。

因此该系统的根轨迹如图4-4 中粗实线所示,箭头方向为根轨迹增益 K_r 增大时系统闭环极点在复平面上的移动方向。

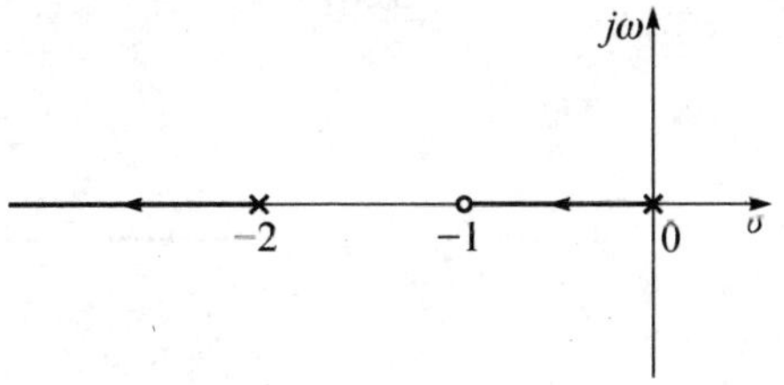

图4-4　系统根轨迹

5. 根轨迹的渐近线

根据规则3 可知,当 $n>m$ 时,其余$(n-m)$条根轨迹趋于无穷远处,趋于无穷远处的根轨迹的方向由渐近线决定。

(1)渐近线与实轴正方向的夹角 φ_A 为:

$$\varphi_A=\frac{(2k+1)180^\circ}{n-m}\quad k=0,\ \pm1,\ \pm2,\cdots \tag{4-7}$$

(2)渐近线与实轴的交点 δ_A 为:

$$\delta_A=\frac{\sum_{i=1}^{n}p_i-\sum_{j=1}^{m}z_j}{n-m} \tag{4-8}$$

[例4-3]　已知单位负反馈系统的开环传递函数为 $G(s)H(s)=\dfrac{K_r}{s(s+2)(s+4)}$,试概略绘制该系统的根轨迹。

解:根据开环传递函数可知,无系统的开环零点,则 $m=0$;开环极点有3 个,即 $n=3$,分别为 $p_1=0$、$p_2=-2$ 和 $p_3=-4$。将开环极点用"×"在复平面上标出,如图4-5 所示。根据根轨迹绘制规则确定其根轨迹。

(1)开环极点数 $n=3$,该系统有三条根轨迹;

(2)三条根轨迹起始于开环极点,因无开环零点,因此均趋于无穷远处;

(3)实轴上的根轨迹为$[-2,0]$和$(-\infty,-4]$;

(4)根轨迹的渐近线。

1)渐近线与实轴正方向的夹角 φ_A 为:

$$\varphi_A=\frac{(2k+1)180^\circ}{n-m}=\frac{(2k+1)180^\circ}{3}=60^\circ,180^\circ,300^\circ\quad k=0,1,2$$

2)渐近线与实轴的交点 δ_A 为

$$\delta_A=\frac{\sum_{i=1}^{n}p_i-\sum_{j=1}^{m}z_j}{n-m}=\frac{0+(-2)+(-4)}{3}=-2$$

则根轨迹的渐近线如图4-5 中的虚线所示。

系统实轴上的根轨迹如图4-5 中的粗实线所示。一条根轨迹从 -4 出发,沿着负实轴终止于 $-\infty$ 远处;另外两条根轨迹分别从 0、-2 出发,随着 K_r 增大,沿着实轴相向移动并在实

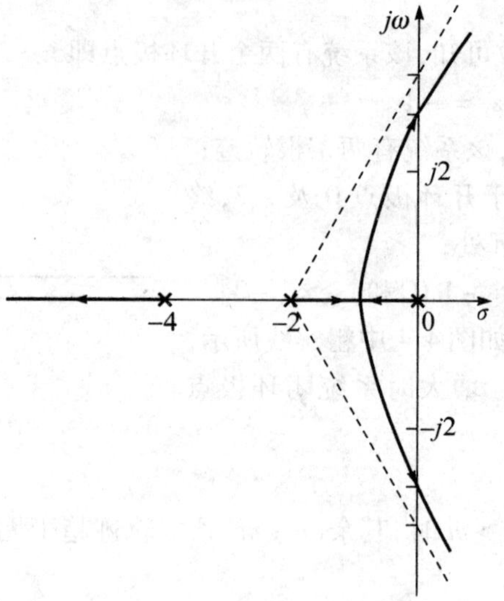

图 4-5 系统的根轨迹渐近线

轴上会合，然后分离，这个点称为会合点（分离点），该点为重实根。当 K_r 进一步增大，这两条根轨迹从实轴上分离而走向复平面，并沿着相角为 60°、300°两条渐近线趋于无穷远处。

6. 根轨迹的分离点和会合点

两条根轨迹随着根轨迹 K_r 增大在复平面某处相遇又分开的点称为根轨迹的分离点（会合点）d，分离点为闭环特征方程根的重根。

分离点的求取方法：

（1）分离点的第一种计算方法

分离点 d 可根据式(4-9)确定：

$$\sum_{i=1}^{n}\frac{1}{d-p_i}=\sum_{j=1}^{m}\frac{1}{d-z_j} \tag{4-9}$$

如果无开环零点，分离点 d 根据式(4-10)确定：

$$\sum_{i=1}^{n}\frac{1}{d-p_i}=0 \tag{4-10}$$

分离点一定是根轨迹上的点，但根据式(4-9)、式(4-10)的解不一定都是分离点，需要验证其解是否是在根轨迹上。只有满足根轨迹方程的那些解才是根轨迹上的分离点。若不在根轨迹上，则舍去。

例 4-3 中，由于没有开环零点，因此应用式(4-10)进行计算根轨迹的分离点 d，即：

$$\sum_{i=1}^{n}\frac{1}{d-p_i}=\frac{1}{d}+\frac{1}{d+2}+\frac{1}{d+4}=0$$

求解该方程得：$d_1=-0.845$，$d_2=-3.155$。

实轴上的根轨迹为$[-2,0]$，则 $d_1=-0.845$ 是根轨迹上的分离点；$d_2=-3.155$ 不在根轨迹上，因而不是根轨迹的分离点，舍去。

（2）分离点的第二种计算方法

系统的根轨迹方程式(4-2)可以写成如式(4-11)所示：

$$G(s)H(s)=\frac{K_r\prod_{j=1}^{m}(s+z_j)}{\prod_{i=1}^{n}(s+p_i)}=\frac{K_rB(s)}{A(s)}=-1 \tag{4-11}$$

由式(4-11)可得式(4-12)所示：

$$K_r=-\frac{A(s)}{B(s)} \tag{4-12}$$

分离点 d 由(4-12)求导得：

$$\frac{dK_r}{ds}=\frac{d}{ds}\left[-\frac{A(s)}{B(s)}\right]=0 \tag{4-13}$$

7. 根轨迹与虚轴的交点

当根轨迹与虚轴相交时，闭环特征根中出现共轭虚根，此时系统处于临界稳定状态，交点处对应的 K_r 称为临界开环根轨迹增益。求取方法有：

(1)利用劳斯判据

例4-3 中，系统的闭环特征方程为 $s^3+6s^2+8s+K_r=0$，列如下劳斯表：

s^3	1	8
s^2	6	K_r
s^1	$\frac{48-K_r}{6}$	0
s^0	K_r	

当劳斯表中出现某行为全零行时，系统闭环特征根存在共轭复根。

令 s^1 行为全零行，则 $K_r=48$。

用 s^1 行的上一行 s^2 行构造辅助方程得 $6s^2+K_r=0$，即 $6s^2+48=0$，求得 $s_{1,2}=\pm j2\sqrt{2}$。如图4-5 所示的根轨迹中有两条分别与虚轴交于点 $s_1=j2\sqrt{2}$ 和 $s_2=-j2\sqrt{2}$ 处，临界开环根轨迹增益为 $K_r=48$。

(2)令 $s=j\omega$ 代入闭环特征方程 $1+G(s)H(s)=0$，分别令其实部和虚部等于零求得。

令 $s=j\omega$ 代入例4-3 系统的闭环特征方程中得：$-j\omega^3-6\omega^2+j8\omega+K_r=0$。

实部和虚部分别等于零，有 $\begin{cases}-6\omega^2+K_r=0\\-\omega^3+8\omega=0\end{cases}$

则求得：$\begin{cases}\omega=\pm2\sqrt{2}\\K_r=48\end{cases}$ 和 $\begin{cases}\omega=0\\K_r=0\end{cases}$（舍去）。

8. 根轨迹的起始角(出射角)和终止角(入射角)

根轨迹的的起始角(出射角)为根轨迹从开环复数极点 p_l 出发时的切线与实轴正方向之间的夹角 θ_{p_l}；根轨迹的终止角(入射角)为根轨迹终止于开环复数零点 z_l 时的切线与实轴正方向之间的夹角 φ_{z_l}。根据相角条件可得：

$$\theta_{p_l}=(2k+1)\pi+\sum_{j=1}^{m}\angle(p_l-z_j)-\sum_{\substack{i=1\\i\neq l}}^{n}\angle(p_l-p_i) \tag{4-14}$$

$$\varphi_{z_l} = (2k+1)\pi + \sum_{i=1}^{n} \angle(z_l - p_i) - \sum_{\substack{j=1 \\ j \neq l}}^{m} \angle(z_l - z_j) \tag{4-15}$$

9. 闭环特征方程式的根之和

随着根轨迹增益 K_r 的增大,闭环特征方程式的特征根之和恒等于该系统开环极点之和。

[**例 4-4**] 已知单位负反馈系统的开环传递函数为 $G(s)H(s)=\dfrac{K_r(s+2)}{s^2+2s+3}$,试概略绘制该系统的根轨迹。

解:根据系统的开环传递函数可知,系统有一个开环零点 $z_1=-2$,则 $m=1$;有 2 个开环极点 $p_{1,2}=-1\pm j\sqrt{2}$,即 $n=2$。将开环零点、极点用"○"、"×"在复平面上标出,如图 4-6 所示。根据根轨迹绘制规则确定其根轨迹。

(1)开环极点数 $n=2$,该系统有两条根轨迹;

(2)两条根轨迹起始于开环极点,一条终止于开环零点,一条终止于无穷远处;

(3)实轴上的根轨迹为$(-\infty,-2]$;

(4)根轨迹的渐近线,因为 $n-m=1$,有一条根轨迹趋于无穷远处,取 $k=0$,则 $\varphi_A=\dfrac{(2k+1)180°}{n-m}=\dfrac{(2k+1)180°}{1}=180°$

(5)根轨迹的分离点和会合点

根据式(4-9)确定分离点 d,有 $\dfrac{1}{d+1+j\sqrt{2}}+\dfrac{1}{d+1-j\sqrt{2}}=\dfrac{1}{d+2}$,化简得 $d^2+4d+1=0$。求该方程得 $d_1=-3.732$,$d_2=-0.268$(舍去,该分离点不在根轨迹上)。

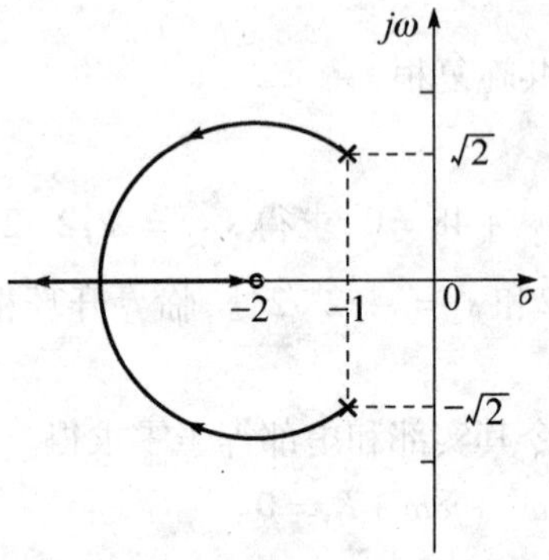

图 4-6 系统的根轨迹

(6)根轨迹与虚轴的交点。该系统的根轨迹与虚轴无交点。

(7)根轨迹的起始角(出射角)。根据式(4-14)可得根轨迹的起始角为:

$\theta_{p_1}=180°+\angle(p_1-z_1)-\angle(p_1-p_2)=180°+45°-90°=135°$

$$\theta_{p_2}=-\theta_{p_1}=-135°$$

则例 4-4 的根轨迹如图 4-6 中的粗实线所示。

4.3 参量根轨迹的绘制

4.2 节介绍了以根轨迹增益 K_r 为参变量增大时绘制根轨迹的规则,这种根轨迹称为常规根轨迹。而实际系统中,根据需要研究除开环根轨迹增益之外的其他参变量如时间常数、反馈系数、开环零点和开环极点等增大时对系统性能的影响,需要绘制以该参数为可变参量的根轨迹,这种根轨迹称为参量根轨迹。

[**例 4-5**] 已知单位负反馈系统的开环传递函数为 $G(s)H(s)=\dfrac{4}{s(s+a)}$,试概略绘制以参数 a 为参变量的系统根轨迹。

解:根据 $1+G(s)H(s)=0$ 得 $1+\frac{4}{s(s+a)}=0$,则该系统的闭环特征方程为:

$$s^2+as+4=0$$

由于 a 为参变量,因而不能按照 $G(s)H(s)$ 的零点、极点绘制系统的根轨迹。将系统的闭环特征方程 $s^2+as+4=0$ 变换得到系统的等效开环传递函数 $G'(s)H'(s)$,得 $1+G'(s)H'(s)=1+\frac{as}{s^2+4}=0$。

其中等效开环传递函数 $G'(s)H'(s)=\frac{as}{s^2+4}$,参变量 a 相当于等效开环传递函数的根轨迹增益。经过变换后可按照常规根轨迹的绘制规则绘制参变量 a 由0增大时的根轨迹。

(1)等效开环传递函数有两个开环极点 $p_{1,2}=\pm j2$,即 $n=2$;有一个开环零点 $z_1=0$,即 $m=1$。系统有两条根轨迹,起始于开环极点,一条终止于开环零点,一条终止于无穷远处。

(2)等效系统实轴上的根轨迹为:$(-\infty,0]$。

(3)因为 $n-m=1$,等效系统有一条根轨迹渐近线,且与负实轴重合。

(4)等效系统的分离点(会合点):根据式(4-9)确定分离点 d,有 $\frac{1}{d+j\sqrt{2}}+\frac{1}{d-j\sqrt{2}}=\frac{1}{d}$,求得 $d_1=-2,d_2=2$(舍去,该分离点不在根轨迹上)。

(5)根轨迹与虚轴的交点。该系统的根轨迹与虚轴无交点。

(6)根轨迹的起始角(出射角)。根据式(4-14)可得根轨迹的起始角为:

$\theta_{p_1}=180°+\angle(p_1-z_1)-\angle(p_1-p_2)=180°+90°-90°=180°$

$$\theta_{p_2}=-\theta_{p_1}=-180°$$

则例4-5的根轨迹如图4-7中的粗实线所示。

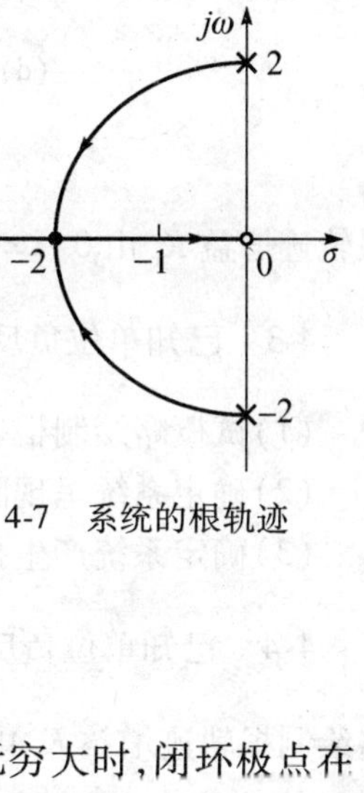

图4-7 系统的根轨迹

本章小结

根轨迹是以控制系统的开环传递函数的某个参数从零变化到无穷大时,闭环极点在 s 平面上的变化轨迹。根据开环传递函数求得的开环零点、开环极点,利用开环零点、开环极点在复平面 s 平面上的分布,根据9条绘制规则可概略绘制出根轨迹。

参数根轨迹的绘制关键在于求得等效开环传递函数,然后按照常规根轨迹的9条绘制原则进行绘制。

根据根轨迹图可直观地分析参变量的变化对系统性能的影响。

习 题

4-1 已知系统开环零、极点的分布如图4-8所示,试概略绘制根轨迹图。

4-2 已知单位负反馈系统的开环传递函数为 $G(s)H(s)=\frac{K_r}{s(s^2+2s+2)}$,试概略绘制

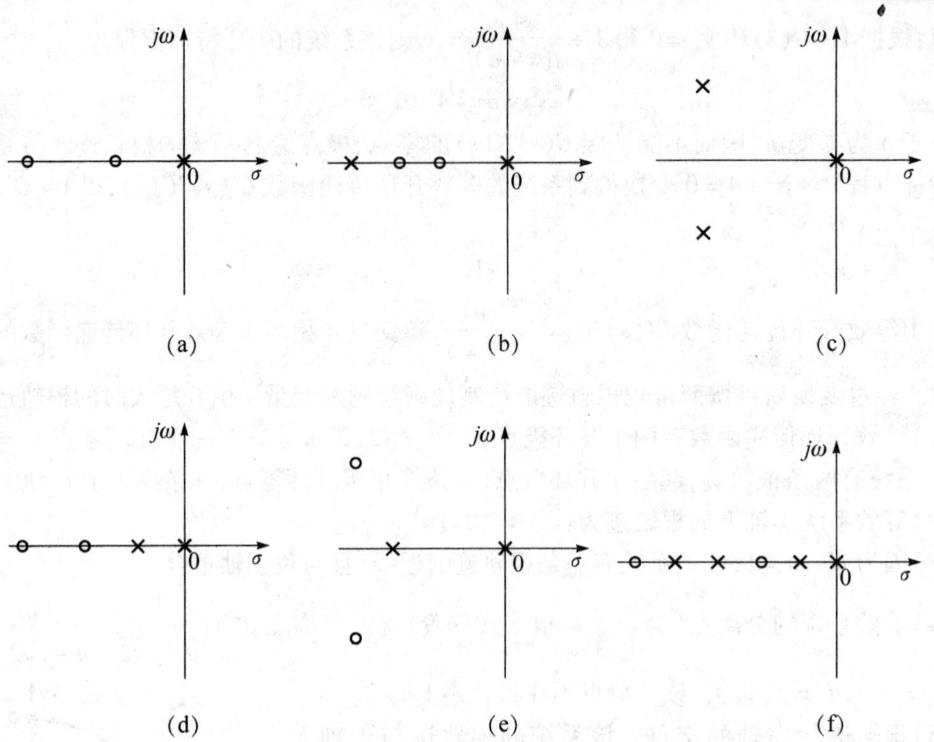

图 4-8　开环传递函数零、极点分布图

根轨迹增益 K_r 由 0→∞ 变化时系统的根轨迹。

4-3　已知单位负反馈系统的开环传递函数为 $G(s)H(s)=\dfrac{K_r}{s(s+2)(s+4)}$，

(1)试概略绘制根轨迹增益 K_r 由 0→∞ 变化时系统的根轨迹；

(2)确定系统呈现阻尼振荡瞬态响应的 K_r 值；

(3)确定系统产生持续等幅振荡时的 K_r 值和振荡频率。

4-4　已知单位负反馈系统的开环传递函数为 $G(s)H(s)=\dfrac{K_r(s+2)}{s(s+3)(s^2+2s+2)}$，试概略绘制根轨迹增益 K_r 由 0→∞ 变化时系统的根轨迹。

4-5　已知单位负反馈系统的开环传递函数为 $G(s)H(s)=\dfrac{K_r(s+2)}{s(s+1)}$，试概略绘制根轨迹增益 K_r 由 0→∞ 变化时系统的根轨迹。

4-6　已知单位负反馈系统的开环传递函数为 $G(s)H(s)=\dfrac{s+a}{s^2(s+1)}$，试概略以参变量 a 由 0→∞ 变化时系统的根轨迹。

第5章　线性系统的频域分析法

频域分析法是在线性系统以频率特性为数学模型基础上的一种图解分析方法。这种方法的核心思想仍然是借助于系统的开环来研究控制系统的闭环特性，更具体地说是由开环系统的频率特性来研究系统闭环性能。由于这是一种图形化分析方法，所以，该分析方法还可以判别某些环节或者参数对系统性能带来的影响，提示改善系统性能的信息。因而，这种方法还可以有效地应用于对线性定常系统的设计。

频域分析方法是以频率特性为数学模型的，该数学模型与传递函数数学模型具有本质的一致性以及确定的转换关系。但是，频率特性这种数学模型具有明确的物理意义，可以用实验的方法来确定，这对于难以列写微分方程式的元件或系统具有重要的实际意义。另外，频域分析法由于主要是通过开环频率特性的图形对系统进行分析，因而具有直观性与计算量较少的特点。

基于上述原因，频域分析法一直是经典控制理论中的一个主要内容和重要的分析方法。

5.1　频率特性的基本概念

5.1.1　频率特性的基本概念

设线性系统的输入为一频率为 ω 的正弦信号，则可以有如下概念：

1）频率响应

对于线性系统（或元件）对其施加不同频率的信号，输出也为周期性正弦信号的过程称为系统的频率响应。

2）频率特性

对于线性系统（或元件）在频率为 ω 的正弦信号输入下，稳态输出响应与输入之比对频率的关系，称为该线性系统（或元件）的频率响应。

设线性系统的传递函数为下式：

$$\frac{C(s)}{R(s)}=G(s)=\frac{M(s)}{N(s)} \tag{5-1}$$

设该系统的输入为正弦输入信号 $r(t)=A\sin\omega t$，则其拉氏变换为 $R(s)=\frac{A\omega}{s^2+\omega^2}$，其中 A 为常量，则系统的输出为：

$$C(s)=\frac{M(s)}{N(s)}\frac{A\omega}{s^2+\omega^2}=\frac{M(s)}{(s+p_1)(s+p_2)\cdots(s+p_n)}\frac{A\omega}{(s+j\omega)(s-j\omega)} \tag{5-2}$$

其中，$-p_1,-p_2,\cdots,-p_n$ 为 $G(s)$ 的极点。对于稳定的系统，这些极点都位于 s 平面的左半平面，即它们的实部均为负值。为了简便，令 $G(s)$ 的极点均为相异的实数极点，则上式(5-2)可以改写为下式：

$$C(s)=\frac{M(s)}{N(s)}\frac{A\omega}{s^2+\omega^2}=\sum_{i=1}^{n}\frac{b_i}{s+p_i}+\frac{a}{s+j\omega}+\frac{\bar{a}}{s-j\omega} \tag{5-3}$$

其中，$b_i(i=1,2,\cdots,n)$，a 和 $\bar{a}$ 均为待定系数。为求系统的响应，对式(5-3)进行拉氏反变换，求得：

$$c(t) = \sum_{i=1}^{n} b_i e^{-p_i t} + a e^{-j\omega t} + \bar{a} e^{j\omega t} \tag{5-4}$$

为了满足频率特性的定义，需要求出上述系统频率响应的稳态分量。因为，当时间 $t\to\infty$ 时，系统的瞬态分量 $\sum_{i=1}^{n} b_i e^{-p_i t}$ 趋于零，则可以得到其稳态分量为：

$$c(t) = a e^{-j\omega t} + \bar{a} e^{j\omega t} \tag{5-5}$$

其中系数 a 和 $\bar{a}$ 可由下列两式确定：

$$a = G(s)\frac{A\omega}{s^2+\omega^2}(s+j\omega)\Big|_{s=-j\omega} = G(-j\omega)\frac{-A}{2j} \tag{5-6}$$

$$\bar{a} = G(s)\frac{A\omega}{s^2+\omega^2}(s-j\omega)\Big|_{s=j\omega} = G(j\omega)\frac{A}{2j} \tag{5-7}$$

由于，$G(j\omega)$为复数向量，因而可以表示为：

$$G(j\omega) = P(\omega) + jQ(\omega) = |G(j\omega)|e^{j\varphi(\omega)} \tag{5-8}$$

其中，$|G(j\omega)| = \sqrt{P^2(\omega)+Q^2(\omega)}$是复向量的模值，而 $\varphi(\omega) = \arctan\dfrac{Q(\omega)}{P(\omega)}$是复向量的相角。由于，$P(\omega) = |G(j\omega)|\cos\varphi(\omega)$，$Q(\omega) = |G(j\omega)|\sin\varphi(\omega)$，所以，$|G(j\omega)|$和 $P(\omega)$是 ω 的偶函数，$Q(\omega)$和 $\varphi(\omega)$是 ω 的奇函数。则 $G(-j\omega)$和 $G(j\omega)$互为共轭复数。这样 $G(-j\omega)$可以改写为：

$$G(-j\omega) = |G(j\omega)|e^{-j\varphi(\omega)} \tag{5-9}$$

将上面式(5-6)~式(5-9)代入式(5-5)中，可得：

$$c(t) = -\frac{A}{2j}|G(j\omega)|e^{-j(\varphi(\omega)+\omega t)} + \frac{A}{2j}|G(j\omega)|e^{j(\varphi(\omega)+\omega t)} = A|G(j\omega)|\sin(\omega t+\varphi) \tag{5-10}$$

式(5-10)表明线性系统在正弦信号作用下，稳态输出为与输入同频率的正弦信号，幅值为输入的$|G(j\omega)|$倍，输出与输入的相位差为 $\varphi(\omega) = \arg G(j\omega)$。将 $G(j\omega)$称为系统的频率特性，$|G(j\omega)|$称为幅频特性，也可用 $A(\omega)$表示，$\varphi(\omega)$称为相频特性。

根据上述分析，线性系统的频率特性可以应用实验的方法，根据系统的输入输出直接求得。图 5-1 为线性系统的频率响应示意图。

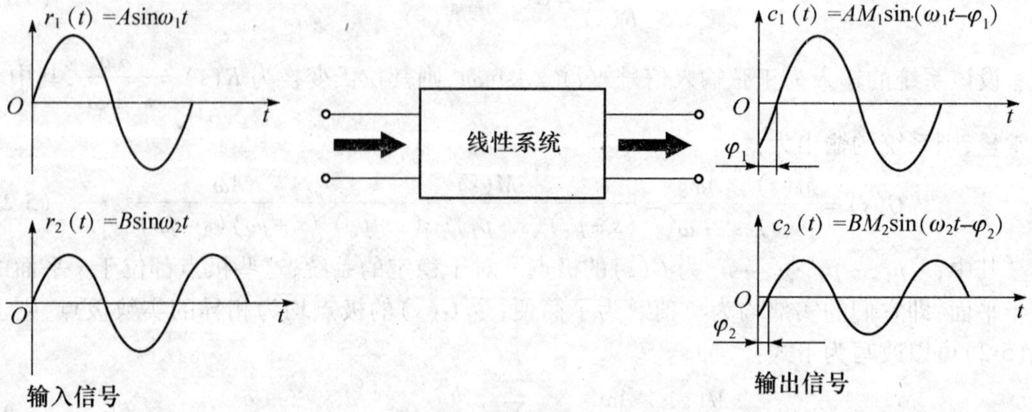

图 5-1　频率响应示意图

5.1.2　由传递函数确定系统的频率特性

线性系统的频率特性除了应用实验的方法直接求得外，还可以由传递函数的零、极点来求取。

设系统的开环传递函数为：

$$G(s)=\frac{K(s+z_1)(s+z_2)\cdots(s+z_m)}{(s+p_1)(s+p_2)\cdots(s+p_n)},n\geqslant m \tag{5-11}$$

对应的频率特性为：

$$G(j\omega)=\frac{K(j\omega+z_1)(j\omega+z_2)\cdots(j\omega+z_m)}{(j\omega+p_1)(j\omega+p_2)\cdots(j\omega+p_n)},n\geqslant m \tag{5-12}$$

求取频率 ω_1 的频率特性时，在 s 平面的虚轴上取点 $j\omega_1$，把该点与系统的所有零极点联成为向量，用极坐标表式为：

$$j\omega_1+z_i=\rho_i e^{j\varphi_i},i=1,2,\cdots,m \qquad j\omega_1+p_k=\gamma_k e^{j\theta_k},k=1,2,\cdots,n$$

则式(5-12)改写为：

$$G(j\omega_1)=\frac{K\prod_{i=1}^{m}\rho_i}{\prod_{k=1}^{n}\gamma_k}e^{j(\sum_{i=1}^{m}\varphi_i-\sum_{k=1}^{n}\theta_k)} \tag{5-13}$$

由上式可以得：

$$|G(j\omega_1)|=\frac{K\prod_{i=1}^{m}\rho_i}{\prod_{k=1}^{n}\gamma_k} \tag{5-14}$$

$$\varphi(\omega_1)=\sum_{i=1}^{m}\varphi_i-\sum_{k=1}^{n}\theta_k \tag{5-15}$$

把图 5-2 中得到的各向量的模和相角分别代入式(5-14)和式(5-15)中，就可以求得对应于 ω_1 的频率特性的幅频特性 $|G(j\omega_1)|$ 和相频特性 $\varphi(\omega_1)$。

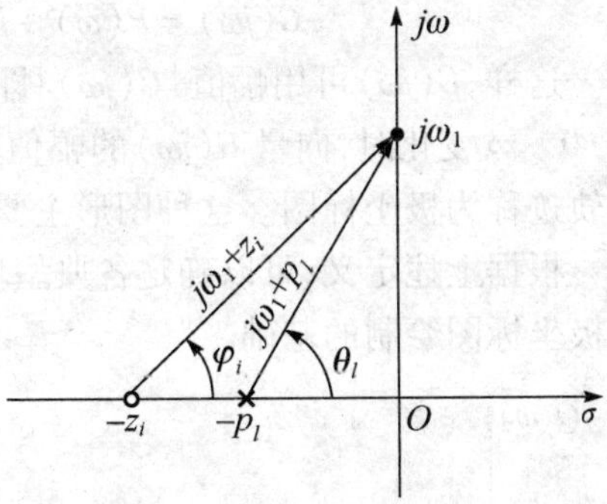

图 5-2　确定频率响应

[例 5-1]　设一线性系统的开环传递函数为：

$$G(s)=\frac{9}{s+1}$$

试求系统在下列正弦输入信号作用下的稳态输出。

(1) $r(t)=\sin(t+30°)$

(2) $r(t)=2\cos(2t-45°)$

(3) $r(t)=\sin(t+30°)-2\cos(2t-45°)$

解：该线性系统的开环频率特性表达式为：

$$G(j\omega)=\frac{9}{j\omega+1}$$

对应的幅频特性为：

$$A(j\omega)=\left|\frac{9}{j\omega+1}\right|=\frac{9}{\sqrt{1+\omega^2}}$$

对应的相频特性为：

$$\varphi(j\omega)=\angle\frac{9}{j\omega+1}=-\arctan\omega$$

(1)系统的稳态输出设为 $c(t)$，由输入的信号可知 $\omega=1$，则有：

$$c(t)=\frac{9}{\sqrt{1+\omega^2}}\Big|_{\omega=1}\sin(t+30^\circ-\arctan\omega|_{\omega=1})=\frac{9\sqrt{2}}{2}\sin(t-15^\circ)$$

(2)系统的稳态输出设为 $c(t)$，由输入的信号可知 $\omega=2$，则有：

$$c(t)=\frac{9}{\sqrt{1+\omega^2}}\Big|_{\omega=2}\cdot 2\cos(2t-45^\circ-\arctan\omega|_{\omega=2})=\frac{18\sqrt{5}}{5}\cos(2t-108.43^\circ)$$

(3)根据线性系统符合叠加定理，可得：

$$c(t)=\frac{9\sqrt{2}}{2}\sin(t-15^\circ)+\frac{18\sqrt{5}}{5}\cos(2t-108.43^\circ)$$

5.2 典型环节的极坐标图

频率特性可以用图形形象地表示，这是频域分析法的特点和优点。典型环节和开环系统的图形表示主要有二种：极坐标图和对数坐标图。本节主要讨论典型环节的极坐标图的绘制及方法。

极坐标图(Polar plot)又叫幅相频率特性曲线，简称幅相曲线。奈奎斯特(N. Nyquist)在1932 年基于极坐标图阐述了反馈系统的稳定性，所以，幅相曲线又称为奈奎斯特曲线，简称奈氏图。

基于频率特性 $G(j\omega)$ 是一个复数，因而可用下式表示：

$$G(j\omega)=P(\omega)+jQ(\omega)=|G(j\omega)|e^{j\varphi(\omega)}=A(\omega)e^{j\varphi(\omega)} \tag{5-16}$$

这样，$G(j\omega)$ 可用幅值 $|G(j\omega)|$ 即 $A(\omega)$ 和相角 $\varphi(\omega)$ 的向量表示。当输入信号的频率 $\omega\to 0\sim\infty$ 变化时，向量 $G(j\omega)$ 的幅值和相位也随之作相应的变化，其端点在复平面上移动的轨迹称为极坐标图。这种图形主要用于对闭环系统稳定性的研究。

根据上述定义，可以确定各典型环节的极坐标图。典型环节的极坐标图是开环线性系统极坐标图绘制的基础。

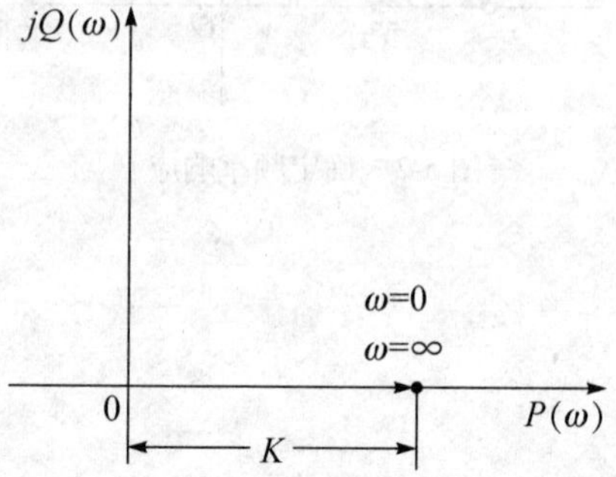

图 5-3 比例环节的极坐标图

1. 比例环节

比例环节的传递函数为：

$$G(s)=\frac{X_c(s)}{X_r(s)}=K \tag{5-17}$$

则它的频率特性为：

$$G(j\omega)=K \tag{5-18}$$

由于 K 是一个与 ω 无关的常数，它的相角为 0°，因而它的极坐标图为 $G(j\omega)$ 平面实轴上的一个定点，如图 5-3 所示。

2. 惯性环节

惯性环节的传递函数为：

$$G(s)=\frac{X_c(s)}{X_r(s)}=\frac{1}{1+Ts} \tag{5-19}$$

则它的频率特性为：

$$G(j\omega)=\frac{1}{1+jT\omega} \tag{5-20}$$

因为：

$$G(j\omega)=\frac{1}{1+jT\omega}=\frac{1}{1+T^2\omega^2}-j\frac{T\omega}{1+T^2\omega^2}=P(\omega)+jQ(\omega) \tag{5-21}$$

于是得：

$$P^2(\omega)+Q^2(\omega)=\frac{1}{1+T^2\omega^2}=P(\omega) \tag{5-22}$$

对上式配完全平方后为：

$$\left[P(\omega)-\frac{1}{2}\right]^2+Q^2(\omega)=\left(\frac{1}{2}\right)^2 \tag{5-23}$$

因此，惯性环节的极坐标图是一个以$\left(\frac{1}{2},0\right)$为圆心的半圆，如图 5-4 所示。

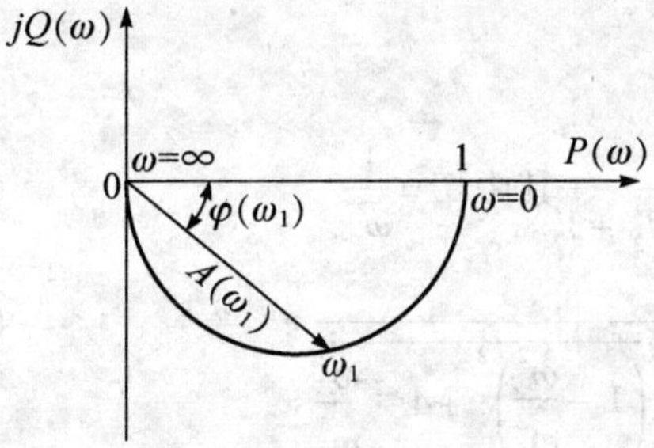

图 5-4　惯性环节的极坐标图

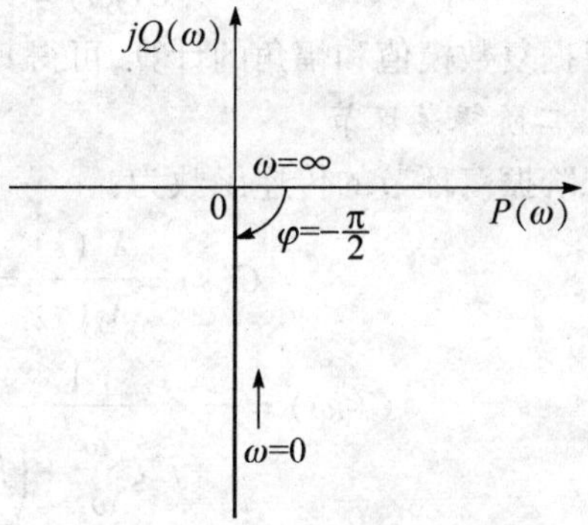

图 5-5　积分环节的极坐标图

3. 积分环节

积分环节的传递函数为：

$$G(s)=\frac{X_c(s)}{X_r(s)}=\frac{1}{s} \tag{5-24}$$

$$G(j\omega)=-j\frac{1}{\omega}=\frac{1}{\omega}e^{-j\frac{\pi}{2}} \tag{5-25}$$

由上式可见，积分因子的幅值与 ω 成反比，而相位角恒为 $-90°$，其极坐标图如图 5-5 所示。

4. 微分环节

(1) 纯微分环节

纯微分环节的传递函数为：

$$G(s)=\frac{X_c(s)}{X_r(s)}=s \tag{5-26}$$

则

$$G(j\omega)=j\omega=\omega e^{j\frac{\pi}{2}} \tag{5-27}$$

微分因子的幅值与 ω 成正比，而相位角恒为 90°，其极坐标图如图 5-6 所示。

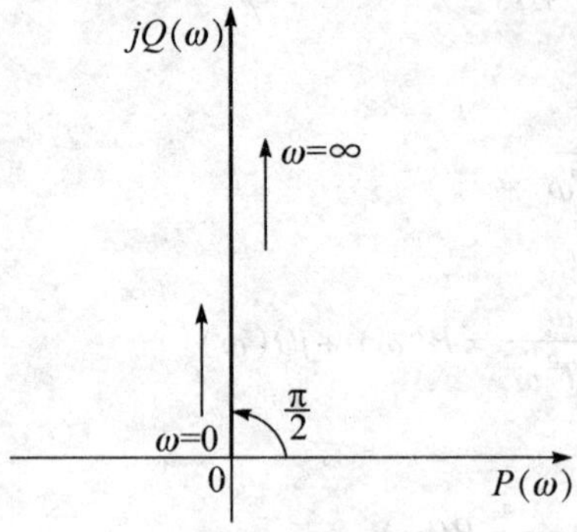

图 5-6　微分环节的极坐标图

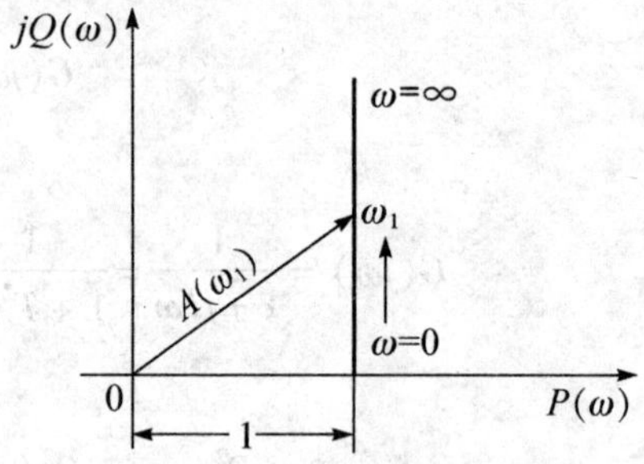

图 5-7　一阶微分环节的极坐标图

(2)一阶微分环节

一阶微分环节的传递函数为：

$$G(s)=\frac{X_c(s)}{X_r(s)}=1+\tau s \tag{5-28}$$

$$G(j\omega)=1+j\omega\tau=\sqrt{1+\tau^2\omega^2}e^{j\frac{\pi}{2}} \tag{5-29}$$

根据复数模值和幅角的计算，可得其极坐标图如图 5-7 所示。

5. 二阶振荡环节

二阶振荡环节的传递函数为：

$$G(s)=\frac{X_c(s)}{X_r(s)}=\frac{1}{T^2s^2+2\xi Ts+1}\text{其中 } T=\frac{1}{\omega_n} \tag{5-30}$$

$$G(j\omega)=\frac{1}{1+j2\xi\frac{\omega}{\omega_n}+\left(j\frac{\omega}{\omega_n}\right)^2}=\frac{1}{\sqrt{\left(1-\frac{\omega^2}{\omega_n^2}\right)^2+4\xi^2\frac{\omega^2}{\omega_n^2}}}e^{j\varphi(\omega)} \tag{5-31}$$

式中：

$$\varphi(\omega)=-\arctan\frac{2\xi\frac{\omega}{\omega_n}}{1-\frac{\omega^2}{\omega_n^2}} \tag{5-32}$$

由式 5-31 可知，振荡环节极坐标图的低频和高频部分分别为：

$$\lim_{\omega\to 0}G(j\omega)=1\angle 0° \tag{5-33}$$

$$\lim_{\omega\to\infty}G(j\omega)=0\angle -180° \tag{5-34}$$

则可得其极坐标图如下图 5-8 所示。

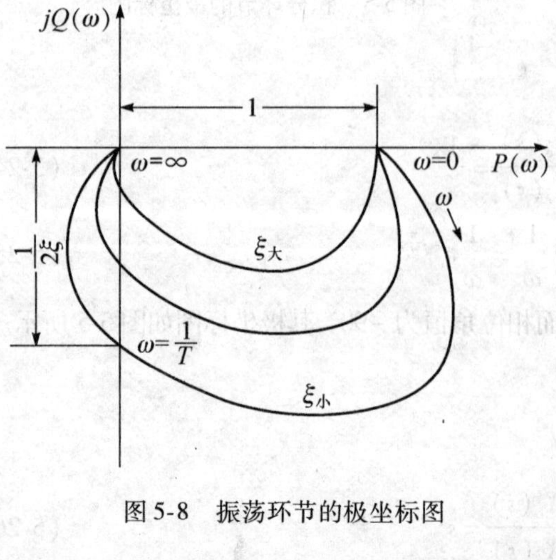

图 5-8　振荡环节的极坐标图

5.3　典型环节的对数坐标图

表示频率特性的图形除了极坐标图外，还有对数频率特性图。为了纪念伯德(H. W. Bode)对数频率特性图又叫做伯德图。本节主要讨论典型环节的对数频率特性图。

对数频率特性图包括两幅图，是由对数幅频特性图和相频特性图组成的。对数幅频特性图的纵坐标均按线性分度，为 $20\lg|G(j\omega)|$，单位是分贝，用 dB 表示。通常为了书写方便，将 $20\lg|G(j\omega)|$ 用符号 $L(\omega)$ 表示。横坐标是角速率 ω。为了展示出频率特性的高低频部分，横坐标实际上采用的是按 $\lg\omega$ 取对数进行的均匀分度。需要注意的是，在坐标原点处的 ω 值不为零，而是一个非零的正值。具体取何值，可视所要表示的实际频率范围而定。在以 $\lg\omega$ 分度的横坐标上，1 到 10 的距离等于 10 到 100 的距离，这个距离表示为十倍频程，用符号 *dec* 表示。图 5-9 为幅频特性图的坐标。相频特性图的横坐标同幅频特性图，它的纵坐标为 $\varphi(\omega)=\angle G(j\omega)$。

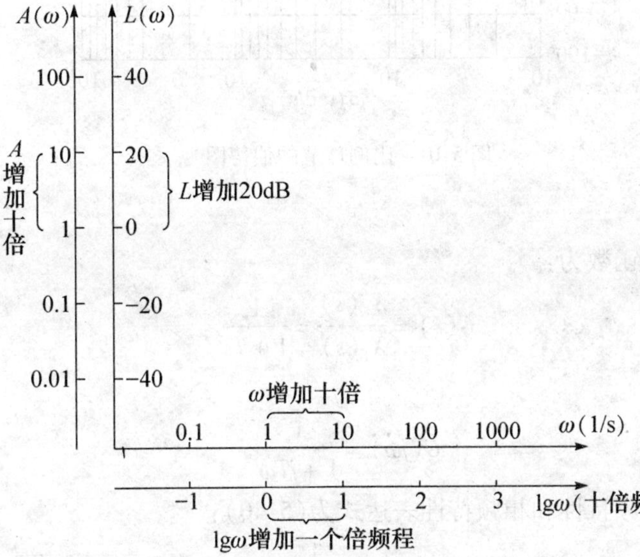

图 5-9　幅频特性曲线的坐标

用伯德图表示频率特性有以下的优点：

(1)在幅频特性图上把乘除的运算转变为了加减运算。

(2)在对系统进行分析时，可以利用对数幅频特性曲线的渐近线，对图形进行化简，同时并不影响对系统的性能分析。

为了研究开环系统的对数频率特性，本节对组成系统的典型环节的对数频率特性进行研究和总结。

1. 比例环节

比例环节的传递函数为：

$$G(s)=\frac{X_c(s)}{X_r(s)}=K \tag{5-35}$$

频率特性为：

$$G(j\omega)=K \tag{5-36}$$

则可以写出如下的幅频特性和相频特性表达式为(5-37)

$$\begin{cases}L(\omega)=20\lg A(\omega)=20\lg K\\ \varphi(\omega)=0\end{cases} \tag{5-37}$$

显然，它的幅频特性是平行为横坐标轴的直线，而相频特性为横坐标轴。如图5-10所示。

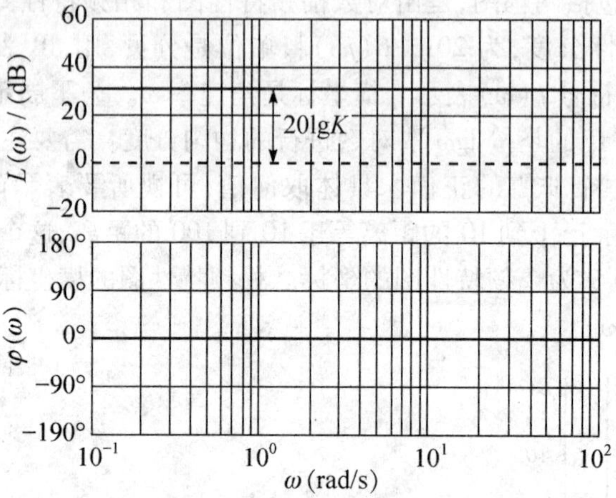

图5-10 比例环节的伯德图

2. 惯性环节

惯性环节的传递函数为：

$$G(s)=\frac{X_c(s)}{X_r(s)}=\frac{1}{1+Ts} \tag{5-38}$$

它的频率特性为：

$$G(j\omega)=\frac{1}{1+jT\omega} \tag{5-39}$$

则可以写出如下的幅频特性和相频特性表达式为(5-40)：

$$\begin{cases}L(\omega)=20\lg A(\omega)=20\lg\dfrac{1}{\sqrt{1+T^2\omega^2}}=-20\lg\sqrt{1+T^2\omega^2}\\ \varphi(\omega)=-\arctan T\omega\end{cases} \tag{5-40}$$

当 $\omega\ll\dfrac{1}{T}$ 时，$L(\omega)=-20\lg\sqrt{T^2\omega^2+1}\approx0$。低频段近似为0dB的水平线，称为低频渐近线。

当 $\omega\gg\dfrac{1}{T}$ 时，$L(\omega)\approx-20\lg\omega T$。高频段近似为斜率为 −20dB/dec 的直线，称为高频渐近线，表示当输入信号的频率每增加十倍频程时，对应输出信号的幅值便下降20dB。

不难看出，两条渐近线的交点频率为 $\omega=\dfrac{1}{T}$，这个频率称为惯性环节的转折频率。

需要说明的是，采用渐近线来表示幅频特性图，一方面简化了绘图，另外，这种简化所产生的误差不影响对系统的分析。

对于相频特性曲线 $\varphi(\omega) = -\arctan(T\omega)$，可以通过取特征点的方法获得。

当 $\omega=0$ 时，$\varphi(\omega)=0°$；当 $\omega=\frac{1}{T}$ 时，$\varphi(\omega) = -\arctan 1 = -45°$；当 $\omega\to\infty$ 时，$\varphi(\omega) = -90°$。将特征点的值平滑连接就可得到相频特性曲线图。

惯性环节的伯德图如图 5-11 所示。

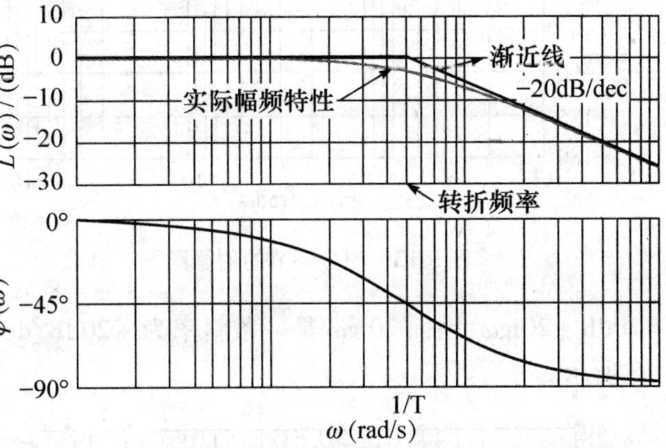

图 5-11　惯性环节的伯德图

3. 积分环节

积分环节的传递函数为：

$$G(s) = \frac{X_c(s)}{X_r(s)} = \frac{1}{s} \tag{5-41}$$

频率特性为：

$$G(j\omega) = -j\frac{1}{\omega} = \frac{1}{\omega}e^{-j\frac{\pi}{2}} \tag{5-42}$$

则可以写出如下的幅频特性和相频特性表达式为(5-43)。

$$\begin{cases} L(\omega) = 20\lg A(\omega) = 20\lg\frac{1}{\omega} = -20\lg\omega \\ \varphi(\omega) = -90° \end{cases} \tag{5-43}$$

由于，$-20\lg 10\omega = -20\text{dB} - 20\lg\omega$，因而 $-20\lg\omega$ 是一条斜率为 -20dB/dec 的直线。积分环节的伯德图如图 5-12 所示。

4. 微分环节

(1)纯微分环节

纯微分环节的传递函数为：

$$G(s) = \frac{X_c(s)}{X_r(s)} = s \tag{5-44}$$

它的频率特性为：

$$G(j\omega) = j\omega = \omega e^{j\frac{\pi}{2}} \tag{5-45}$$

可以写出如下的幅频特性和相频特性表达式为(5-46)：

$$\begin{cases} L(\omega) = 20\lg A(\omega) = 20\lg\omega \\ \varphi(\omega) = 90° \end{cases} \tag{5-46}$$

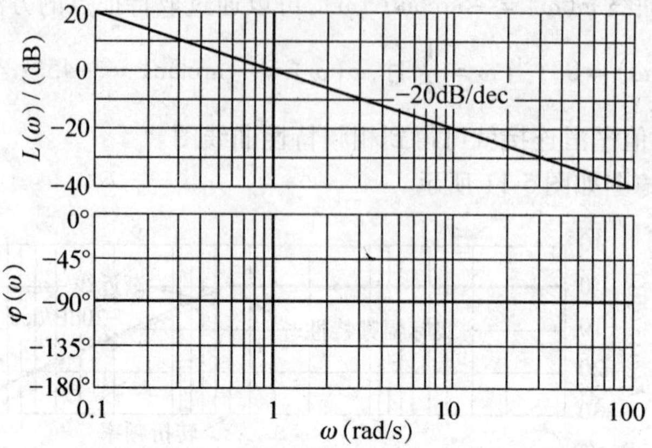

图 5-12　积分环节的伯德图

由于 $20\lg 10\omega = 20\text{dB} + 20\lg\omega$，因而 $20\lg\omega$ 是一条斜率为 +20dB/dec 的直线。纯微分环节的伯德图如图 5-13 所示。

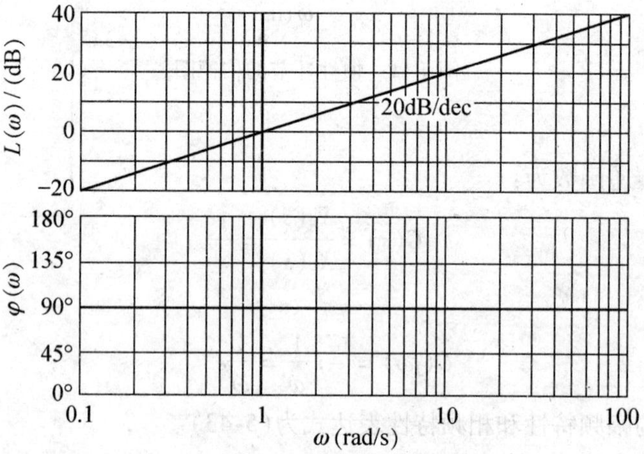

图 5-13　纯微分环节的伯德图

（2）一阶微分环节

一阶微分环节的传递函数为：

$$G(s) = \frac{X_c(s)}{X_r(s)} = 1 + \tau s \tag{5-47}$$

它的频率特性为：

$$G(j\omega) = 1 + j\omega\tau = \sqrt{1 + \tau^2\omega^2}e^{j\frac{\pi}{2}} \tag{5-48}$$

则可以写出如下的幅频特性和相频特性表达式为(5-49)：

$$\begin{cases} L(\omega) = 20\lg A(\omega) = 20\lg\sqrt{1 + (\tau\omega)^2} \\ \varphi(\omega) = \arctan(\tau\omega) \end{cases} \tag{5-49}$$

当 $\omega \ll \frac{1}{\tau}$ 时，$L(\omega) = 20\lg\sqrt{\tau^2\omega^2 + 1} \approx 0$。低频段近似为 0dB 的水平线，为低频渐近线。

当 $\omega \gg \frac{1}{\tau}$ 时，$L(\omega) \approx 20\lg\omega\tau$。高频段近似为斜率为 +20dB/dec 的直线，为高频渐近线。

不难看出，两条渐近线的交点频率为 $\omega = \frac{1}{\tau}$，这个频率为一阶微分环节的转折频率。

需要说明的是，一阶微分环节和一阶惯性环节的幅频特性图对称于横坐标轴。

对于一阶微分环节的相频特性曲线 $\varphi(\omega) = \arctan(\tau\omega)$，同样，可以通过取特征点的方法获得。

当 $\omega = 0$ 时，$\varphi(\omega) = 0°$；当 $\omega = \frac{1}{\tau}$ 时，$\varphi(\omega) = \arctan 1 = 45°$；当 $\omega \to \infty$ 时，$\varphi(\omega) = 90°$。将特征点的值平滑连接就可得到相频特性曲线图。

一阶微分环节的伯德图如图 5-14 所示。

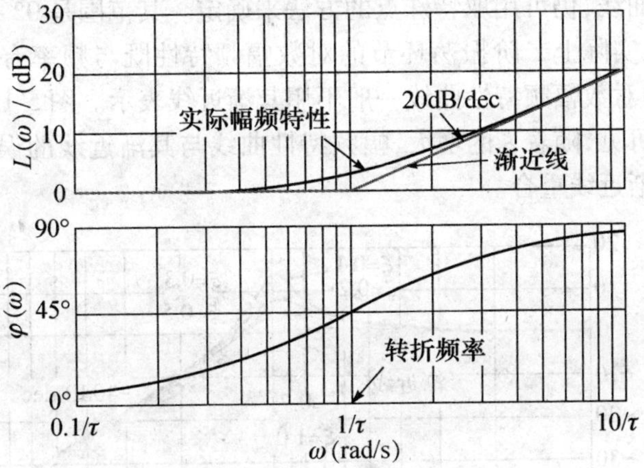

图 5-14　一阶微分环节的伯德图

5. 二阶振荡环节

二阶振荡环节的传递函数为：

$$G(s) = \frac{X_c(s)}{X_r(s)} = \frac{1}{T^2s^2 + 2\xi Ts + 1} \text{其中 } T = \frac{1}{\omega_n} \tag{5-50}$$

频率特性为：

$$G(j\omega) = \frac{1}{1 + j2\xi\frac{\omega}{\omega_n} + \left(j\frac{\omega}{\omega_n}\right)^2} = \frac{1}{\sqrt{\left(1 - \frac{\omega^2}{\omega_n^2}\right)^2 + 4\xi^2\frac{\omega^2}{\omega_n^2}}} e^{j\varphi(\omega)} \tag{5-51}$$

式中：

$$\varphi(\omega) = -\arctan\frac{2\xi\frac{\omega}{\omega_n}}{1 - \frac{\omega^2}{\omega_n^2}} \tag{5-52}$$

则可以写出如下的幅频特性和相频特性表达式为(5-53)：

$$\begin{cases} L(\omega) = -20\lg\sqrt{\left(1-\left(\dfrac{\omega}{\omega_n}\right)^2\right)^2+\left(2\xi\dfrac{\omega}{\omega_n}\right)^2} \\ \varphi(\omega) = -\arctan\dfrac{2\xi\dfrac{\omega}{\omega_n}}{1-\left(\dfrac{\omega}{\omega_n}\right)^2} \end{cases} \tag{5-53}$$

当 $\omega \ll \dfrac{1}{T} = \omega_n$ 时，$L(\omega)\approx 0$，低频渐近线为 0dB 的水平线。

当 $\omega \gg \dfrac{1}{T} = \omega_n$ 时，$L(\omega)\approx -20\lg(\omega T)^2 = -40\lg\omega T$，高频渐近线斜率为 -40dB/dec 的直线。并且 $\omega = \dfrac{1}{T} = \omega_n$ 为转折频率。

对于相频特性曲线，仍可用取特殊点的方法来确定。其范围是 0°～180°。

需要说明的是，实际上二阶振荡环节的对数幅频特性既与频率有关，又与阻尼比 ξ 有关，因而这种因子的对数幅频特性曲线一般不用其渐近线表示。图 5-15 给出了二阶振荡环节的伯德图。由图可见，随着 ξ 的增大，幅频特性曲线与其渐近线的误差越小，当 $\xi = 1$ 时，幅频特性曲线与其渐近线重合。

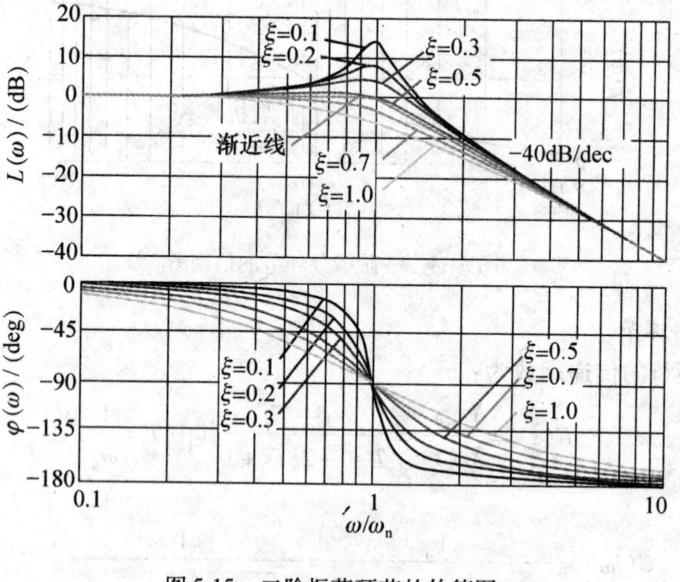

图 5-15　二阶振荡环节的伯德图

5.4　控制系统的开环频率特性

系统开环频率特性图包括系统开环奈氏图和系统开环伯德图的绘制。系统开环频率特性图的确定可以为后面通过开环间接确定闭环系统的稳定性等性能分析奠定基础。

5.4.1　系统开环奈氏图

开环系统的幅相曲线图简称开环奈氏图。它的画法主要通过分析其低频部分的曲线图、高频部分的曲线图以及特征点来确定。

设系统开环包括各典型环节,其传递函数的通式为下式:

$$G(s)=\frac{\prod_{m=1}^{\chi}K_m\prod_{n=1}^{\mu}(\tau_n s+1)\prod_{k=1}^{\eta}(\tau_k^2 s^2+2\zeta_k\tau_k s+1)}{s^v\prod_{i=1}^{\rho}(T_i s+1)\prod_{j=1}^{\sigma}(T_j^2 s^2+2\zeta_j T_j s+1)} \tag{5-54}$$

对应的开环频率特性为:

$$G(j\omega)=\frac{\prod_{m=1}^{\chi}K_m\prod_{n=1}^{\mu}(j\omega\tau_n+1)\prod_{k=1}^{\eta}[(j\omega)^2\tau_k^2+2\zeta_k\tau_k(j\omega)+1]}{(j\omega)^v\prod_{i=1}^{\rho}(j\omega T_i+1)\prod_{j=1}^{\sigma}[(j\omega)^2T_j^2+2\zeta_j T_j(j\omega)+1]} \tag{5-55}$$

将上述开环传递函数表示成若干典型环节的串联形式:

$$G(s)=G_1(s)G_2(s)\cdots G_n(s) \tag{5-56}$$

则有:

$$G(j\omega)=A_1(\omega)e^{j\varphi_1(\omega)}A_2(\omega)e^{j\varphi_2(\omega)}\cdots A_n(\omega)e^{j\varphi_n(\omega)} \tag{5-57}$$

从而有开环系统的幅频特性与典型环节的幅频特性关系如下:

$$A(\omega)=A_1(\omega)A_2(\omega)\cdots A_n(\omega) \tag{5-58}$$

开环系统的相频特性与典型环节的相频特性关系如下:

$$\varphi(\omega)=\varphi_1(\omega)+\varphi_2(\omega)+\cdots+\varphi_n(\omega) \tag{5-59}$$

即:开环系统的幅频特性 = 组成系统的各典型环节的幅频特性之乘积。

开环系统的相频特性 = 组成系统的各典型环节的相频特性之代数和。

下面根据开环系统的类型具体分析它的奈氏图画法。

1. 0 型系统($\nu=0$)

0 型系统的开环频率特性为:

$$G(j\omega)=\frac{K(1+j\omega\tau_1)(1+j\omega\tau_2)\cdots(1+j\omega\tau_m)}{(j\omega)^0(1+j\omega T_1)(1+j\omega T_2)\cdots(1+j\omega T_{n-\nu})} \tag{5-60}$$

研究其低频部分:当 $\omega\to 0$ 时,其幅频和相频分别为:

$$A(\omega)=K \qquad \varphi(\omega)=0° \tag{5-61}$$

研究其高频部分:当 $\omega\to\infty$ 时,由于开环传递函数有分母的阶次 n 大于分子的阶次 m,其幅频和相频分别为:

$$A(\infty)=0 \qquad \varphi(\infty)=(n-m)\times(-90°) \tag{5-62}$$

再根据线性系统的连续性,这样可以大致确定出奈氏图形状如图 5-16 所示。对于判断与轴有交点的可以通过补充必要的特征点(如与坐标轴的交点)来更为准确地定出图形。

2. Ⅰ型系统($\nu=1$)

Ⅰ型系统的开环频率特性为:

$$G(j\omega)=\frac{K(1+j\omega\tau_1)(1+j\omega\tau_2)\cdots(1+j\omega\tau_m)}{(j\omega)^1(1+j\omega T_1)(1+j\omega T_2)\cdots(1+j\omega T_{n-\nu})} \tag{5-63}$$

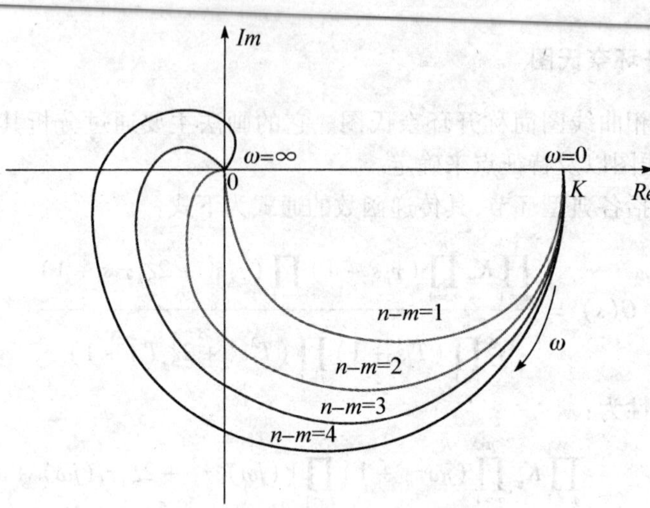

图 5-16　0 型系统的开环奈氏图

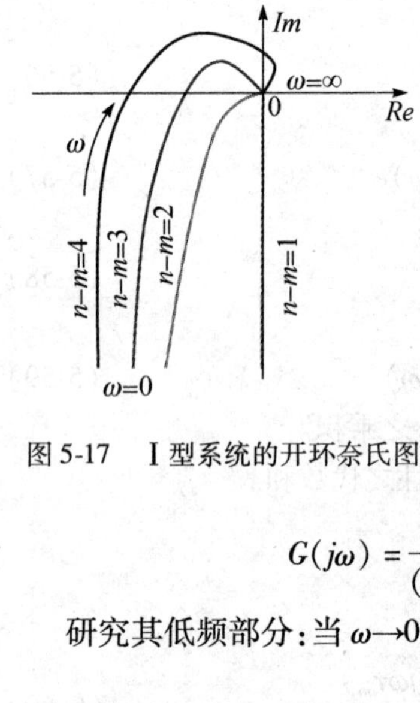

图 5-17　Ⅰ型系统的开环奈氏图

研究其低频部分：当 $\omega \to 0$ 时，其幅频和相频分别为：

$$A(\omega)=\infty \qquad \varphi(\omega)=-90° \tag{5-64}$$

研究其高频部分：当 $\omega \to \infty$ 时，由于开环传递函数有分母的阶次 n 大于分子的阶次 m，其幅频和相频分别为：

$$A(\infty)=0 \qquad \varphi(\infty)=(n-m)\times(-90°) \tag{5-65}$$

这样可以大致确定出奈氏图形状如图 5-17 所示。对于判断与轴有交点的可以通过补充必要的特征点（如与坐标轴的交点）来更为准确地定出图形。

3. Ⅱ型系统（$\nu=2$）

Ⅱ型系统的开环频率特性为：

$$G(j\omega)=\frac{K(1+j\omega\tau_1)(1+j\omega\tau_2)\cdots(1+j\omega\tau_m)}{(j\omega)^2(1+j\omega T_1)(1+j\omega T_2)\cdots(1+j\omega T_{n-\nu})} \tag{5-66}$$

研究其低频部分：当 $\omega \to 0$ 时，其幅频和相频分别为：

$$A(\omega)=\infty \qquad \varphi(\omega)=-180° \tag{5-67}$$

研究其高频部分：当 $\omega \to \infty$ 时，由于开环传递函数有分母的阶次 n 大于分子的阶次 m，其幅频和相频分别为：

$$A(\infty)=0 \qquad \varphi(\infty)=(n-m)\times(-90°) \tag{5-68}$$

这样可以大致确定出奈氏图形状如图 5-18 所示。

总结：开环含有 ν 个积分环节系统，Nyquist 曲线起自幅角为 $-\nu\times 90°$ 的无穷远处。而终止于相角为 $(n-m)\times(-90°)$ 的原点。

根据上述对开环系统的奈氏图绘制，可以总结画奈氏图的要点如下：

求 $A(0)$、$\varphi(0)$ 以及 $A(\infty)$、$\varphi(\infty)$ 的值；根据 $A(\omega)$、$\varphi(\omega)$ 的变化趋势，画出 Nyquist 图的大致形状。对于判断与轴有交点的可以求与坐标轴的交点来更为准确地定出图形。

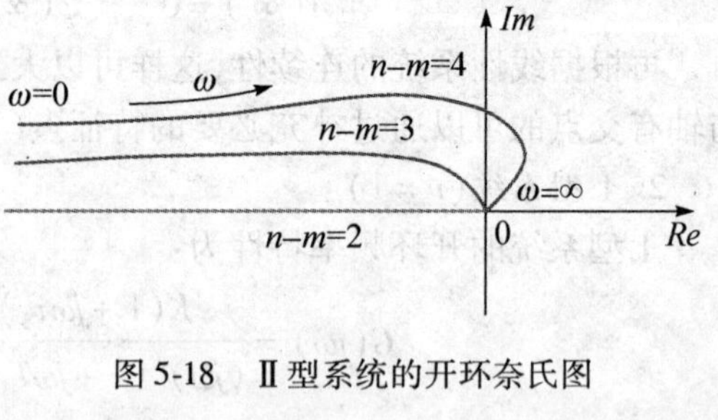

图 5-18　Ⅱ型系统的开环奈氏图

［例 5-2］　画出下列开环传递函数的奈氏图。这些曲线是否穿越 G 平面的负实轴？若穿越，则求出与负实轴交点的频率及相应的幅值 $|G(j\omega)|$。

(1) $G(s)=\dfrac{1}{s(1+s)(1+2s)}$

(2) $G(s)=\dfrac{1}{s^2(1+s)(1+2s)}$

解：(1) 系统的开环频率特性为：

$$G(j\omega)=\frac{1}{j\omega(1+j\omega)(1+j2\omega)}$$

按照系统的开环奈氏图绘制方法，分析低频和高频情况：

$$\text{当 } \omega\to0^+ \text{ 时}, |G(j\omega)|\to+\infty, \angle G(j\omega)\to-90°$$
$$\text{当 } \omega\to+\infty \text{ 时}, |G(j\omega)|\to0, \angle G(j\omega)\to-270°$$

显然，该系统与实轴会有交点。

利用复数运算求与实轴的交点：

$$G(j\omega)=P(\omega)+jQ(\omega)=-\frac{1}{9\omega^4+\omega^2(1-2\omega^2)^2}[3\omega^2+j(1-2\omega^2)]$$

令 $Q(\omega)=0$，解得与负实轴交点的频率为：

$$\omega=\frac{\sqrt{2}}{2}$$

代入 ω 值，可计算出与负实轴的交点为：

$$P(\omega)=-\frac{2}{3}$$

相应的幅值为：

$$|G(j\omega)|=|P(\omega)|=\frac{2}{3}$$

从而，可画出大致的幅相曲线如图 5-19 所示。

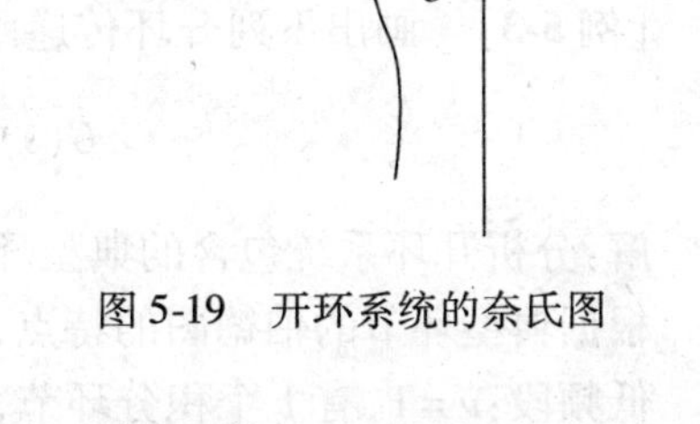

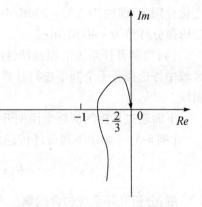

图 5-19　开环系统的奈氏图

(2) 系统的开环频率特性为：

$$G(j\omega)=\frac{1}{-\omega^2(1+j\omega)(1+j2\omega)}$$

按照系统的开环奈氏图绘制方法，分析低频和高频情况：

$$\text{当 } \omega\to0^+ \text{ 时}, |G(j\omega)|\to+\infty, \angle G(j\omega)\to-180°$$
$$\text{当 } \omega\to+\infty \text{ 时}, |G(j\omega)|\to0, \angle G(j\omega)\to-360°$$

利用复数运算求与实轴的交点

$$G(j\omega)=P(\omega)+jQ(\omega)=\frac{1}{9\omega^5+\omega^3(1-2\omega^2)^2}[(2\omega^2-1)+j3\omega^2]$$

令 $Q(\omega)=0$，解得：

$$\omega=0$$

所以，该系统与负实轴没有交点。从而可画出大致的幅相曲线如图 5-20 所示。

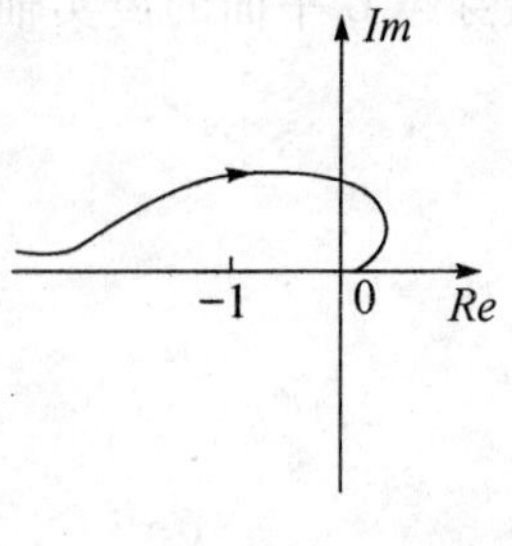

图 5-20　开环系统的奈氏图

5.4.2　系统开环伯德图

设系统的开环传递函数为：

$$G(s)=G_1(s)G_2(s)\cdots G_n(s) \tag{5-69}$$

用 $A(\omega)$ 表示开环系统的幅频，$A_i(\omega)(i=1,2,L,n)$ 表示典型环节的幅频，则可将其表示成若干典型环节的串联形式：

$$A(\omega)e^{j\varphi(\omega)}=A_1(\omega)e^{j\varphi_1(\omega)}A_2(\omega)e^{j\varphi_2(\omega)}\cdots A_n(\omega)e^{j\varphi_n(\omega)} \tag{5-70}$$

$$A(\omega)=A_1(\omega)A_2(\omega)\cdots A_n(\omega) \tag{5-71}$$

相应的对数幅频和相频特性分别为：

$$L(\omega)=20\lg A(\omega)=20\lg A_1(\omega)+20\lg A_2(\omega)+\cdots+20\lg A_n(\omega) \tag{5-72}$$

$$\varphi(\omega)=\varphi_1(\omega)+\varphi_2(\omega)+\cdots+\varphi_n(\omega) \tag{5-73}$$

因此，开环系统的对数幅频特性是其所含各典型环节的对数幅频特性之代数和；开环系统的相频特性是其组成系统的各典型环节的相频特性之代数和。然而为了便捷，工程上常用下述方法直接画出开环系统的伯德图。绘制步骤如下：

(1)将开环传递函数表示为典型环节的串联。

(2)确定各环节的转折频率由小到大标示在对数频率轴上。

(3)绘制开环对数幅频曲线的渐近线。渐近线由若干条分段直线组成，最低频段的斜率取决于积分环节(以及纯微分环节)的数目 v 斜率为 $-20v$dB/dec。当 $\omega=1$rad/s 时，$L(\omega)=20\lg K$；以低频段作为分段直线的起始段，从它开始，沿着频率增大的方向，每经过一个转折点其斜率相应发生变化，斜率变化量由当前转折频率对应的环节决定。对应典型环节斜率变化分别为：惯性环节为 -20dB/dec；振荡环节为 -40dB/dec；一阶微分环节为 $+20$dB/dec；二阶微分环节为 $+40$dB/dec。

(4)绘制开环系统的相频特性曲线。根据开环相频特性的表达式，在低频、中频及高频区域中各选择若干个频率进行计算，然后，将典型环节相频进行叠加，得到系统的相频特性曲线。

下面通过具体的例题来说明开环系统的伯德图画法。

[例 5-3]　画出下列开环传递函数对应的伯德图。

$$G(s)=\frac{10}{s(1+0.5s)(1+0.1s)}$$

解：分析开环系统包含的典型环节分别为：比例环节、积分环节，以及两个惯性环节。

根据典型环节的伯德图的特点，由低频到高频依次画出开环系统的伯德图：

低频段：$\nu=1$，有 1 个积分环节，所以，低频段斜率为 -20dB/dec，且在 $\omega=1$ 处，

$$L(\omega)=20\lg K=20\text{dB}$$

在 $\omega_1=\dfrac{1}{0.5}=2$ 处加入一惯性环节，斜率变化为 -40dB/dec；

在 $\omega_2=\dfrac{1}{0.1}=10$ 处再加入一惯性环节，斜率变化为 -60dB/dec；

按照上述绘制方法，可以获得该开环系统的对数幅频特性曲线，如图 5-21(a)所示。

相频特性曲线绘制过程如下：

$$\varphi(\omega) = -90° - \arctan 0.5\omega - \arctan 0.1\omega$$

$\varphi(\omega)$具体计算数据见表 5-1，相频特性曲线如图 5-21(b)所示。

ω	0.1	0.5	1	2	5	10	50	100
$\varphi(\omega)$	−93.4°	−106.9°	−122.3°	−146.3°	−184.8°	−213.7°	−256.4°	−263.1°

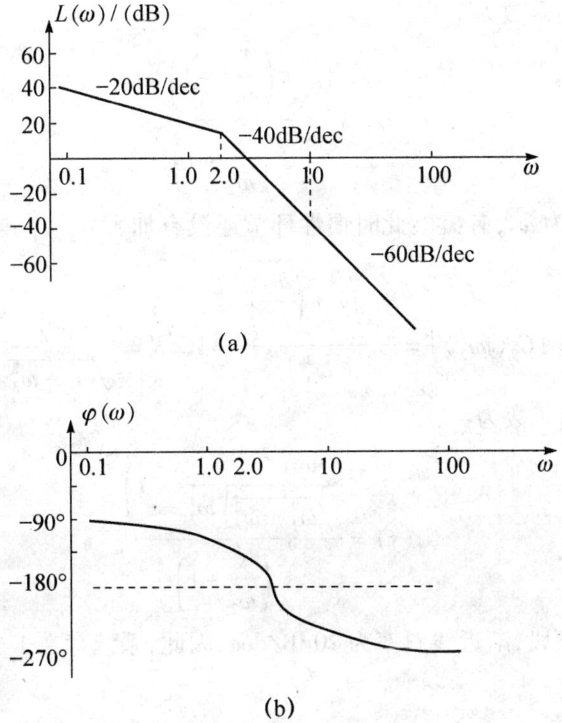

图 5-21　开环系统的伯德图

(a)对数幅频特性曲线；(b)相频特性曲线

［例 5-4］　已知系统的开环对数幅频渐近线如图 5-22 所示，试求它们的传递函数。

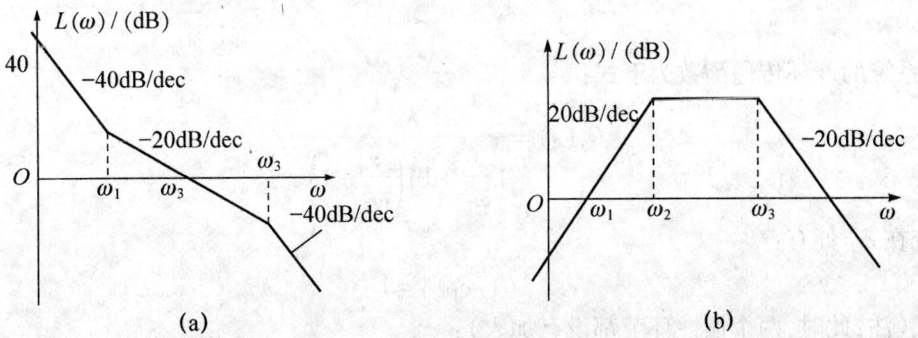

图 5-22　开环对数幅频渐近线

解：(a)由图知在低频段，渐近线斜率为 −40dB/dec，因此，系统积分环节的个数为 2

个，低频段为$\frac{K}{s^2}$；

在 ω_1 处，斜率变化为 -20dB/dec，表明加入了一阶微分环节$\frac{1}{\omega_1}s+1$；

在 ω_2 处，斜率变化为 -40dB/dec，又加入了一阶惯性环节$\frac{1}{\frac{s}{\omega_2}+1}$；

因此，系统的开环传递函数为下式：

$$G_2(s)=\frac{K\left(\frac{1}{\omega_1}s+1\right)}{s^2\left(\frac{s}{\omega_2}+1\right)}$$

又根据图中剪切频率为 ω_3，有（注：此时惯性环节还没有加入）：

$$|G_2(j\omega_3)|=\frac{K\sqrt{1+\left(\frac{\omega_3}{\omega_1}\right)^2}}{\omega_3^2}=1\Rightarrow K=\frac{\omega_1\omega_3^2}{\sqrt{\omega_1^2+\omega_3^2}}$$

所以，完整的开环传递函数为：

$$G_2(s)=\frac{\frac{\omega_1\omega_3^2}{\sqrt{\omega_1^2+\omega_3^2}}\left(\frac{1}{\omega_1}s+1\right)}{s^2\left(\frac{s}{\omega_2}+1\right)}$$

（b）由图知在低频段，渐近线斜率为 20dB/dec，因此，系统存在 1 个纯微分环节，低频段为 Ks；

在 ω_2 处，斜率变化为 0dB/dec，表明加入了一阶惯性环节$\frac{1}{\frac{s}{\omega_2}+1}$；

在 ω_3 处，斜率变化为 -20dB/dec，表明又加入了一阶惯性环节$\frac{1}{\frac{s}{\omega_3}+1}$；

因此，系统的开环传递函数为下式：

$$G_3(s)=\frac{Ks}{\left(\frac{s}{\omega_2}+1\right)\left(\frac{s}{\omega_3}+1\right)}$$

又系统在 ω_1 处有：

$$|G(j\omega_1)|=1$$

有下式（注：此时，两个惯性环节都没有加入）：

$$K\omega_1=1\Rightarrow K=\frac{1}{\omega_1}$$

所以，完整的开环传递函数为：

$$G_3(s) = \frac{\frac{1}{\omega_1}s}{\left(\frac{s}{\omega_2}+1\right)\left(\frac{s}{\omega_3}+1\right)}$$

5.5　奈奎斯特稳定判据

由前面章节的知识：如果闭环传递函数的所有极点均位于左半 s 平面，则系统是稳定的。

然而，求解闭环系统特征根的困难，使得必须利用间接的方法获得闭环特征根的情况，本节提出的奈奎斯特稳定判据正是将开环频率响应在右半 s 平面内的开环的极点数和闭环的极点数联系起来的判据。这种方法无须求出闭环极点，就可以判断系统闭环的稳定性，从而得到了广泛的应用。

由于闭环系统的稳定性决定于闭环特征根的性质，因此，要用开环特性研究闭环的稳定性，首先要确定出开环特性和闭环特征式的关系，并进而寻找和闭环特征根性质之间的规律性。

5.5.1　系统开环频率特性和闭环特征式的关系

以单位负反馈系统这种典型结构来讨论。设系统的开环传递函数为 $G(s)$，则其闭环传递函数为：

$$\Phi(s) = \frac{G(s)}{1+G(s)} \tag{5-74}$$

设：

$$G(s) = \frac{M(s)}{N(s)} \tag{5-75}$$

则：

$$\Phi(s) = \frac{M(s)/N(s)}{1+M(s)/N(s)} = \frac{M(s)}{N(s)+M(s)} \tag{5-76}$$

式中 $N(s)$ 及 $N(s)+M(s)$ 分别是系统的开环和闭环特征多项式。

取辅助函数 $F(s)$，令：

$$F(s) = 1+G(s) \tag{5-77}$$

则将式(5-75)代入，可得：

$$F(s) = 1+\frac{M(s)}{N(s)} = \frac{N(s)+M(s)}{N(s)} \tag{5-78}$$

将 $s=j\omega$ 带入，则得到频率特性的关系为：

$$F(j\omega) = \frac{N(j\omega)+M(j\omega)}{N(j\omega)} \tag{5-79}$$

上式确立了系统开环频率特性和闭环特征式的关系，即其分子为闭环特征式，分母为开环特征式。

根据复变函数中的平面影射和幅角原理，有如下分析。设 $F(s)$ 为 s 的有理分式，其分母多项式的次数与分子多项式的次数相等。若 s 平面上的封闭曲线 Γ_s 包围了 $F(s)$ 的 Z 个零点和 P 个极点,且不通过 $F(s)$ 的任一零点和极点,则当 s 沿 Γ_s 顺时针旋转一圈时,复平面上 $F(s)$ 曲线绕原点顺时针转过的圈数为:

$$N = Z - P \tag{5-80}$$

5.5.2 奈奎斯特(H. Nyquist)稳定判据

如果开环系统是稳定的,那么闭环系统稳定的条件是:当 ω 由 0 变到无穷大时,开环频率特性在复数平面的轨迹不包围 $(-1,j0)$ 这一点。

如果开环系统是不稳定的,开环系统特征方程式有 P 个根在右半 s 平面上,N 为开环幅相曲线 $\omega \in [0,+\infty)$ 顺时针包围 $(-1,j0)$ 点的圈数,则反馈控制系统闭环极点在 s 的右半平面的个数设为 Z:

$$Z = P + 2N \tag{5-81}$$

N 为开环幅相曲线 $\omega \in (-\infty,+\infty)$ 顺时针包围 $(-1,j0)$ 点的圈数,则反馈控制系统闭环极点在 s 的右半平面的个数设为 Z:

$$Z = P + N \tag{5-82}$$

s 右半平面指的是开右半平面,不包括虚轴。$(-1,j0)$ 点,则闭环系统存在虚轴上的极点,计算 N 时不视为一次包围。如果求得 $(-1,j0)$ 点的情况。N 应为逆时针和顺时针包围圈数的代数和,而 $N<0$ 表示逆时针包围 N 圈,$N>0$ 代表顺时针包围 N 圈。

[例 5-5] 用奈奎斯特稳定判据判别下列开环传递函数对应的闭环系统的稳定性。如果系统不稳定,问有几个根在 s 平面的右方:

$$G(s)H(s) = \frac{1+4s}{s^2(1+s)(1+2s)}$$

解:已知开环系统在右半平面根的个数为 $P=0$,开环系统稳定。

画系统的开环奈氏图。

$$\text{当 } \omega \to 0^+ \text{ 时}, |G(j\omega)| \to +\infty, \angle G(j\omega) \to -180°,$$

$$\text{当 } \omega \to +\infty \text{ 时}, |G(j\omega)| \to 0, \angle G(j\omega) \to -270°$$

求与横轴的交点:

利用复数运算:

$$G(j\omega) = P(\omega) + jQ(\omega) = -\frac{1}{\omega^2(1+\omega^2)(1+4\omega^2)}[(1+10\omega^2) + j(\omega - 8\omega^3)]$$

$$\text{令 } Q(\omega) = 0, \text{解得 } \omega = \frac{\sqrt{2}}{4} = 0.354$$

代入 ω 值,可计算出与横轴的交点为:

$$P(\omega) = -\frac{32}{3}$$

从而可画出大致的幅相曲线如图 5-23 所示。

所给出的开环系统含有积分环节个数为 $\nu=2$ 个,按逆时针方向补 $2\times 90° = 180°$,半径为无穷大的圆弧,得到曲线为 ω 从 0^+ 变化到 $+\infty$ 的奈氏曲线,对称的可画出 ω 从 $-\infty$ 变化到 0^- 曲线,图线如图 5-24 所示。

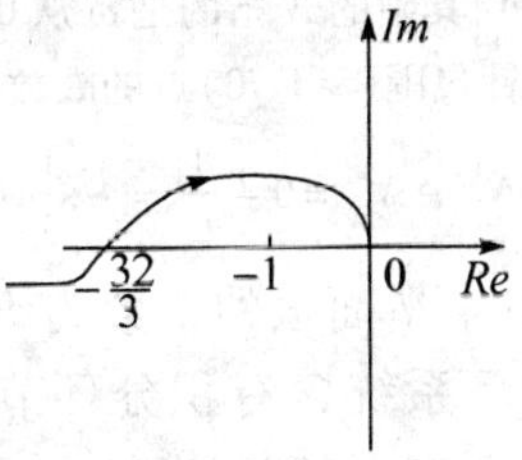

图5-23　ω从0^+变化到$+\infty$的幅相曲线

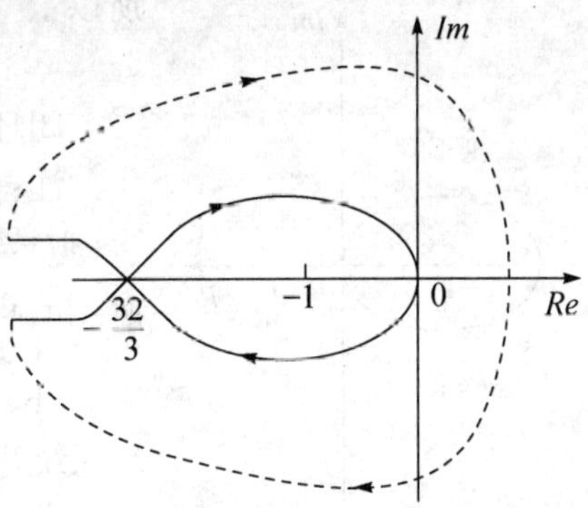

图5-24　ω从$-\infty$变化到0^-及0^+变化到$+\infty$的奈氏曲线

由奈奎斯特稳定判据：

$$Z = P + N$$

其中的N指的是ω从$-\infty$变化到$+\infty$时系统开环频率特性顺时针包围$(-1, j0)$点的圈数。

由图可得：

$$N = 2$$

$$Z = P + N = 2$$

所以，闭环系统不稳定，且在s右半平面有2个根。

[例5-6]　已知系统的开环频率特性的奈氏曲线如图5-25所示，试判别系统的稳定性。其中，P为开环不稳定极点的个数，v为积分环节的个数。

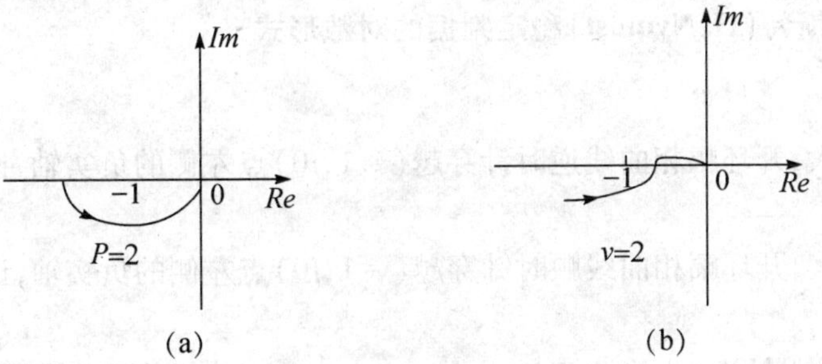

图5-25　开环频率特性的奈氏图

解：(a)已知开环系统在右半平面根的个数为$P = 1$，开环系统不稳定。所给出的开环奈氏曲线为ω从0^+变化到$+\infty$曲线，对称的可画出ω从$-\infty$变化到0^-曲线，图线如图5-26所示。

由奈奎斯特稳定判据：

$$Z = P + N$$

其中的N指的是ω从$-\infty$变化到$+\infty$时系统开环频率特性顺时针包围$(-1, j0)$点的圈数。顺时针包围的圈数，N取正号；逆时针包围的圈数，N取负号。

由图可得：

$$N = -1$$

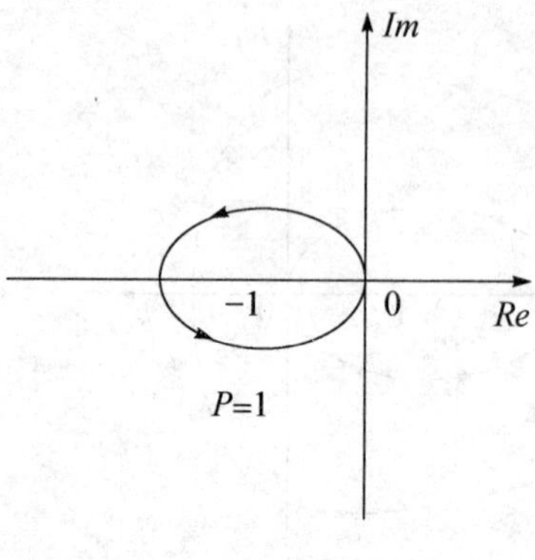

图 5-26　ω 从 −∞ 变化到 0^- 及 0^+ 变化到 +∞ 曲线图

所以：

$$Z = P + N = 0$$

闭环系统稳定，在 s 右半平面没有闭环根。

注：也可用公式 $Z = P + 2N$，其中的 N 指的是 ω 从 0^+ 变化到 $+\infty$ 时系统开环频率特性顺时针包围 $(-1,j0)$ 点的圈数。对于该题要用到半次穿越的问题，$N = N^- - N^+ = 0 - \frac{1}{2} = -\frac{1}{2}$。

(b)已知开环系统在右半平面根的个数为 $P = 0$，开环系统稳定。所给出的开环系统含有积分环节个数为 $\nu = 2$个，按逆时针方向补 $90° \times 2 = 180°$，半径为无穷大的圆弧，得到曲线为 ω 从 0^+ 变化到 $+\infty$ 的乃氏曲线，对称的可画出 ω 从 $-\infty$ 变化到 0^- 曲线，图线如图 5-27 所示。

由奈奎斯特稳定判据：

$$Z = P + N$$

其中的 N 指的是 ω 从 $-\infty$ 变化到 $+\infty$ 时系统开环频率特性顺时针包围 $(-1,j0)$ 点的圈数。

由图可得：

$$N = 0$$

所以：

$$Z = P + N = 0$$

闭环系统稳定，且在 s 右半平面没有闭环根。

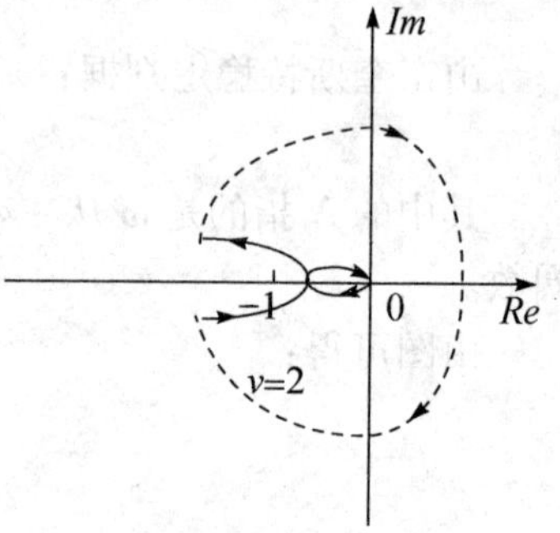

图 5-27　ω 从 −∞ 变化到 0^- 及 0^+ 变化到 +∞ 曲线图

5.5.3　奈奎斯特(H. Nyquist)稳定判据的对数形式

1. 正穿越

随着 ω 的增大，开环幅相曲线逆时针穿越 $(-1,j0)$ 点左侧的负实轴，记为一次正穿越。

2. 负穿越

随着 ω 的增大，开环幅相曲线顺时针穿越 $(-1,j0)$ 点左侧的负实轴，记为一次正穿越。

3. 半次穿越

开环幅相曲线起始于(或终止于)$(-1,j0)$ 点左侧的负实轴，若沿着逆时针方向离开(或终止于)负实轴，记为半次正穿越；若沿着顺时针方向离开(或终止于)负实轴，记为半次负穿越。半次穿越次数记为 $\frac{1}{2}$。

若用 N_+ 表示正穿越次数与正半次穿越的和，用 N_- 表示负穿越次数与负半次穿越的和，则开环幅相曲线包围 $(-1,j0)$ 点的圈数为：

$$N = N_- - N_+ \tag{5-83}$$

N 为开环幅相曲线 $\omega \in [0, +\infty)$ 顺时针包围 $(-1,j0)$ 点的圈数。

4. 对数奈奎斯特稳定判据

反馈控制系统闭环极点在 s 的右半平面的个数设为 Z，开环极点在右半 s 平面上的个数为 P；N 为开环对数幅频特性曲线 $L(\omega) > 0$ 的所有频率范围内，对数相频曲线穿越 $(2k+1)\pi$，

$k=0, \pm 1, \cdots\cdots$线的代数和：

$$N = N_{-} - N_{+} \tag{5-84}$$

(1) N_{+}为$L(\omega)>0$时，$\varphi(\omega)$从下向上穿越$(2k+1)\pi$，$k=0, \pm 1, \cdots\cdots$线的次数。N_{-}为$L(\omega)>0$时，$\varphi(\omega)$从上向下穿越$(2k+1)\pi$，$k=0, \pm 1, \cdots$线的次数。$\varphi(\omega)$起向上补作$90° \times \nu$的虚垂线。若开环系统存在$s=\pm j\omega_p$的λ重极点时，$\varphi(\omega)$在$\omega=\omega_p$存在间断点，这时，应从$\varphi(\omega_p^{+})$处向上补作$180° \times \lambda$的虚垂线。

(2) 对数频率特性的半次穿越发生在$L(\omega)>0$时，$\varphi(\omega)$起始于或终止于$(2k+1)\pi$，$k=0, \pm 1, \cdots\cdots$线。向下离开或终止于$(2k+1)\pi$，$k=0, \pm 1, \cdots\cdots$线，记为半次负穿越；向上离开或终止于$(2k+1)\pi$，$k=0, \pm 1, \cdots\cdots$线，记为半次正穿越。

5.6　相对稳定性分析

控制系统的稳定性是系统正常工作的首要条件，但是，对于都是稳定的系统，其稳定性仍是不同的，也就是系统的相对稳定性问题。

本节要介绍两个表征系统的稳定程度的指标，用来衡量系统的相对稳定性：相角裕度和幅值裕度。这两个指标也常作为频域法校正的指标。

5.6.1　相角裕度

根据奈氏判据可知，系统开环幅相曲线临界点附近的形状，对闭环稳定性影响很大，曲线越是接近临界点，系统的稳定程度就越差。在图5-28中画出的是开环幅相曲线和单位阶跃曲线对应关系的示意图。图中各系统的开环传递函数右半s平面极点数P都为零。在图5-28(a)中，幅相曲线包围了临界点，故系统不稳定，$h(t)$曲线发散；在图5-28(b)中，幅相曲线通过临界点，系统临界稳定，$h(t)$曲线等幅振荡；在图5-28(c)和(d)中，幅相曲线没有包围临界点，故系统稳定，$h(t)$曲线衰减。但是，图5-28(d)中对应系统的稳定程度更好，因为幅相曲线离临界点较远。

通过上述分析，可以进行相角裕度的定义。

开环频率响应$G(j\omega)H(j\omega)$与Nyquist图上单位圆相交处的频率ω_c，称为控制系统开环频率响应的剪切频率。即：

$$|G(j\omega_c)H(j\omega_c)| = 1 \tag{5-85}$$

在伯德图上，有：

$$20\log|G(j\omega_c)H(j\omega_c)| = 0(\text{dB}) \tag{5-86}$$

在剪切频率ω_c上，使闭环系统具有临界稳定性需要在开环频率响应的相移$\angle G(j\omega_c)H(j\omega_c)$上追补的附加相移，记作相角裕度$\gamma(\omega_c)$。即：

$$\gamma(\omega_c) = \angle G(j\omega_c)H(j\omega_c) - (-180°) = 180° + \angle G(j\omega_c)H(j\omega_c) \tag{5-87}$$

相角裕度$\gamma(\omega_c)$的含义是：如果系统对频率ω_c信号的相角迟后再增大γ度，则系统将处于临界稳定状态。

5.6.2　幅值裕度

在开环频率响应的相移等于$-180°$时的角频率ω_g上，开环频率特性幅值$|G(j\omega_g)H(j\omega_g)|$的倒数，称为控制系统的幅值裕度，记作$K_g$。即：

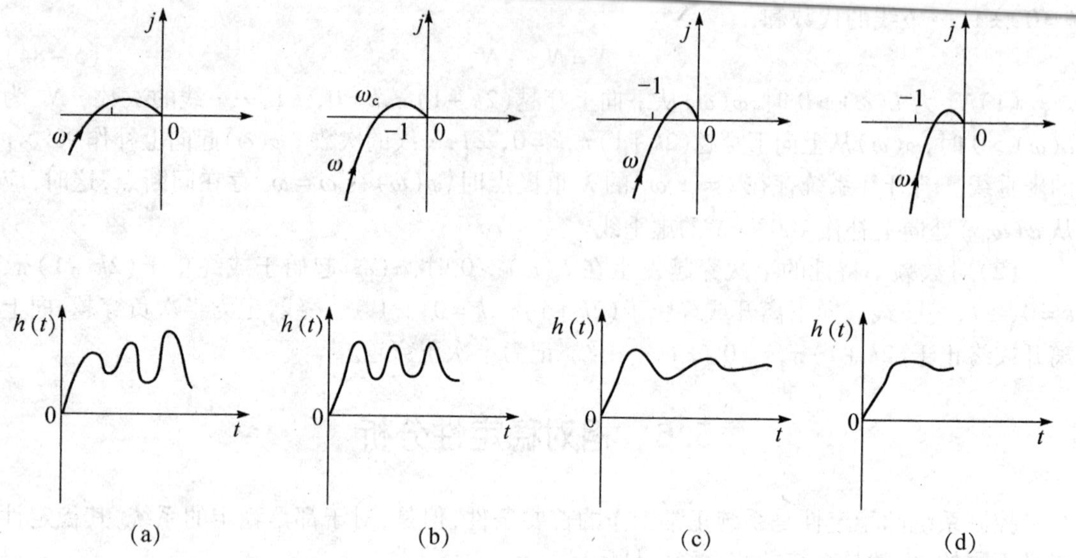

图 5-28　开环幅相曲线和单位阶跃曲线对应关系示意图

(a)幅相曲线包围临界点;(b)幅相曲线通过临界点;(c)、(d)幅相曲线不包围临界点

$$K_g = \frac{1}{|G(j\omega_g)H(j\omega_g)|} \tag{5-88}$$

或用对数幅频特性表示为:

$$20\lg K_g = -20\lg|G(j\omega_g)H(j\omega_g)|(\text{dB}) \tag{5-89}$$

幅值裕度 K_g 的含义是:如果系统的开环传递系数增大到原来的 K_g 倍,则系统就处于临界稳定状态。

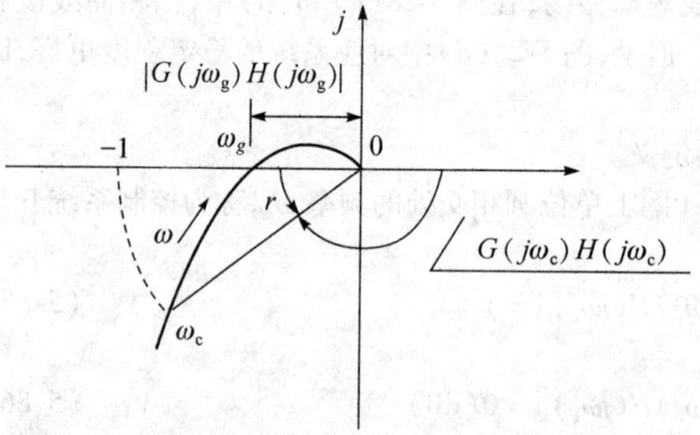

图 5-29　相角裕度和幅值裕度

对于最小相位系统,相角裕度 $\gamma>0$,幅值裕度 $K_g>1$,系统稳定,并且 γ 和 K_g 越大,系统稳定程度就越好;$\gamma<0$、$K_g<1$,则系统不稳定。图 5-29 为系统开环的相角裕度和幅值裕度示意图。

[例 5-7]　已知控制系统的开环传递函数为:

$$G(s)H(s) = \frac{K}{s(1+s)(1+10s)}$$

(1)求相角裕度等于 60°时的 K 值;

(2)在(1)所求的 K 值下,计算幅值裕度 K_g。

解:(1)由定义:

$$\gamma = 180° + \angle G(j\omega_c) = 180° + \left(-90° - \arctan\omega_c - \arctan\frac{\omega_c}{10}\right) = 60°$$

$$\arctan\omega_c + \arctan 0.1\omega_c = 30°$$

可以解得 $\omega_c \approx 0.52$

由：

$$|G(j\omega_c)H(j\omega_c)| = \frac{K}{\omega_c\sqrt{1+\omega_c^2}\sqrt{10^2+\omega_c^2}} = 1$$

代入求得的 ω_c，可得：

$$K = 5.8689 \approx 5.87$$

（2）计算幅值裕度 K_g

该开环系统的频率特性表达式为：

$$G(j\omega)H(j\omega) = \frac{5.87}{j\omega(1+j\omega)(10+j\omega)}$$

令 ω_g 为相角交界频率（穿越频率），于是有：

$$\varphi(\omega_g) = -90° - \arctan\omega_g - \arctan 0.1\omega_g = -180°$$

解得：

$$\omega_g = \sqrt{10}$$

因：

$$|G(j\omega_g)| = \frac{5.87}{\omega_g\sqrt{1+(\omega_g)^2}\sqrt{100+(\omega_g)^2}}$$

将解得的 ω_g 值代入，得：

$$|G(j\omega_g)| = \frac{5.87}{\sqrt{10}\sqrt{1+10}\sqrt{100+10}} = \frac{5.87}{110}$$

所以有幅值裕度：

$$K_g = \frac{1}{|G(j\omega_g)|} = 18.74$$

本章小结

本章介绍的主要内容是基于频率特性这种数学模型的频域分析方法。其重点之一是对频率特性概念的理解。频率特性是线性系统（或部件）在正弦输入信号作用下的稳态输出和输入之比。它和传递函数、微分方程一样能反映系统的动态性能，因而它是线性系统（或部件）的又一形式的数学模型。只要被测试的线性系统（或部件）是稳定的，就可以用实验的方法来估计它们的数学模型，这是频率响应法的一大优点。

传递函数的极点和零点均在 s 平面左方的系统称为最小相位系统。由于这类系统的幅频特性和相频特性之间有着唯一的对应关系，因而只要根据它的对数幅频特性曲线就能写出对应系统的传递函数，从而由系统的对数幅频特性曲线写对应的传递函数，以及由最小相位系统的传递函数画出对应的对数幅频特性曲线及相频曲线也是要求熟练掌握的重点内容。

本章对系统稳定性的分析也是重要内容。考虑到系统内部参数和外界环境的变化对系统稳定性的影响，要求系统不仅能稳定地工作，而且还需有足够的稳定裕度。稳定裕度通常用相位裕度和幅值裕度来表示。在控制工程中，一般要求系统的相角裕度在 30° ~ 60°范围内，这是十分必要的。

本章的难点为奈奎斯特稳定判据，它是根据开环频率特性曲线围绕（ $-1, j0$）点的情况

(即 N 等于多少)和开环传递函数在 s 右半平面的极点数 P 来判别对应闭环系统的稳定性的。这种判据能从图形上直观地看出参数的变化对系统性能的影响,并提示改善系统性能的信息。

习　题

5-1　设一单位反馈控制系统的开环传递函数为:

$$G(s)=\frac{5}{s+1}$$

试求系统在下列输入信号作用下的稳态输出。

(1) $r(t)=\sin(t+45°)$

(2) $r(t)=2\cos(t+30°)$

5-2　画出下列开环传递函数对应的伯德图。

(1) $G(s)=\dfrac{10}{s(1+s)(1+0.1s)}$

(2) $G(s)=\dfrac{100(1+0.2s)}{s(0.1+s)}$

5-3　绘制下列系统的开环伯德图;若增益交界频率 $\omega_c=5s^{-1}$,求系统的增益 K。

$$G(s)=\frac{Ks^2}{(1+0.2s)(1+0.01s)}$$

5-4　已知系统的开环对数幅频特性曲线如图 5-30 所示,试写出它们的传递函数。

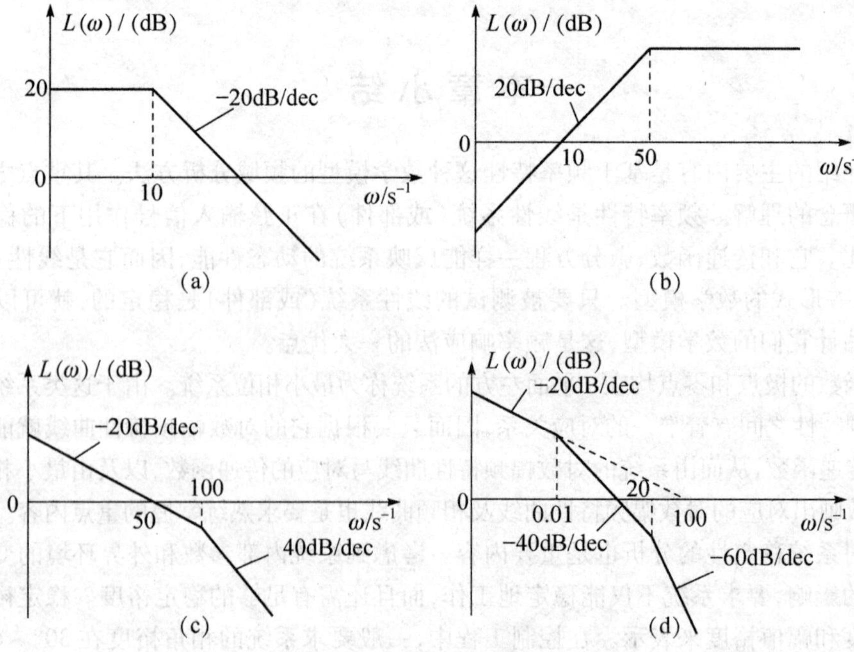

图 5-30　系统的开环对数幅频特性

5-5　画出下列传递函数的奈氏图。曲线是否穿越 G 平面的负实轴？若穿越，则求出与负实轴交点的频率及相应的幅值 $|G(j\omega)|$。

$$G(s)=\frac{10}{s^2(1+s)(1+10s)}$$

5-6　已知一单位反馈系统的开环传递函数为：

$$G(s)=\frac{1+as}{s^2}$$

试求相角裕度等于 60°时的 a 值。

5-7　已知控制系统的开环传递函数为：

$$G(s)H(s)=\frac{K}{s(1+s)(1+5s)}$$

(1)求相角裕度等于 45°时的 K 值；

(2)在(1)所求的 K 值下，计算幅值裕度 K_g。

5-8　一单位反馈系统的开环对数幅频特性如图 5-31 所示(最小相位系统)。试求：

(1)写出系统的开环传递函数；

(2)判别闭环系统的稳定性。

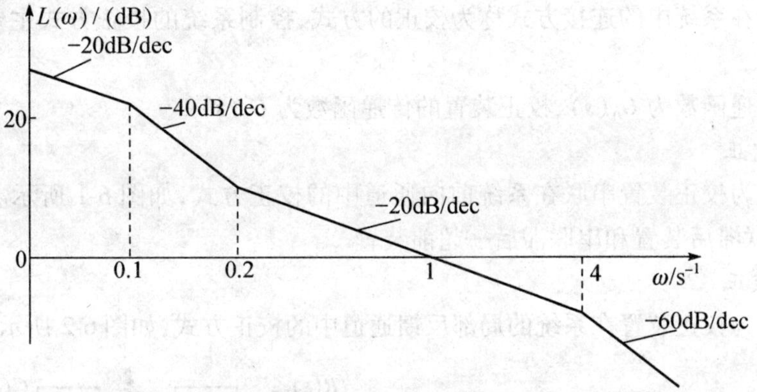

图 5-31　开环对数幅频特性

5-9　已知系统的开环频率特性的奈氏曲线如图 5-32 所示，试判别系统的稳定性。其中，P 为开环不稳定极点的个数，v 为积分环节的个数。

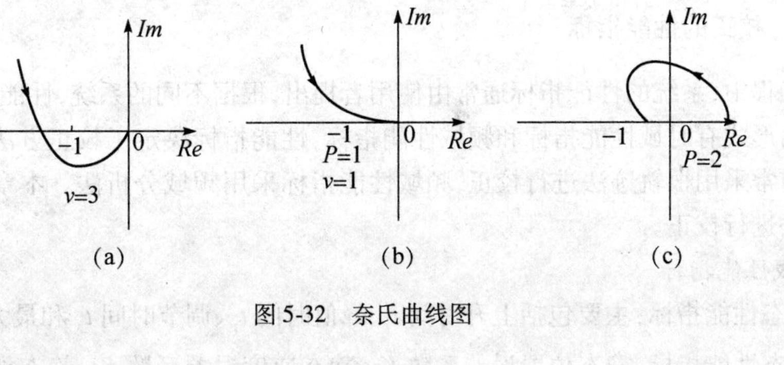

图 5-32　奈氏曲线图

第 6 章 控制系统的校正

6.1 校正的基本概念

前几章讨论了已知系统的结构和参数如何建立系统的数学模型，利用时域响应、根轨迹和频率响应等方法对控制系统的各项性能如稳定性、快速性和准确性进行定量、定性分析。在实际工程中，往往是被控对象确定的情况下，根据提出的各项性能指标进行设计，通过增加附加装置改善系统的性能指标，使得系统的各项性能指标满足要求，该过程称为控制系统校正。引入的附加装置称为校正装置或补偿装置。

本章主要介绍控制系统校正的基本概念、PID 控制器、串联超前校正和串联滞后校正。

6.1.1 校正的方式

校正装置在系统中的连接方式称为校正的方式，控制系统的校正方式主要有串联校正和反馈校正等。

原系统传递函数为 $G_0(s)$、校正装置的传递函数为 $G_c(s)$。

1. 串联校正

串联校正为校正装置串联在系统前向通道中的校正方式，如图 6-1 所示。通常有串联超前装置、串联滞后装置和串联滞后—超前装置。

2. 反馈校正

反馈校正为校正装置在系统的局部反馈通道中的校正方式，如图 6-2 所示。

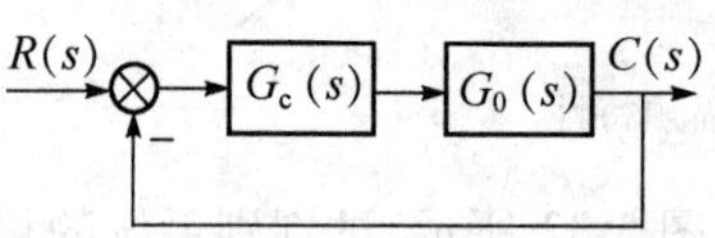

图 6-1　串联校正

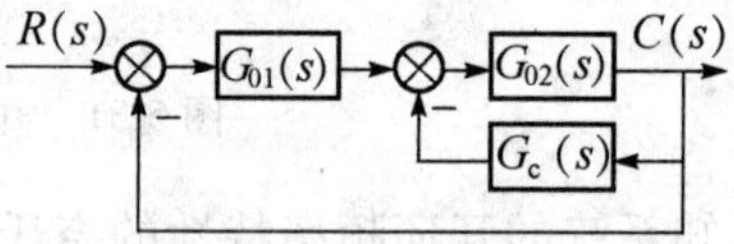

图 6-2　反馈校正

6.1.2 校正的性能指标

实际工程中，系统的性能指标通常由使用者提出，根据不同的系统，性能指标各有侧重。性能指标的形式有时域性能指标和频域性能指标，性能指标决定了校正方法的选用。时域性能指标通常采用根轨迹法进行校正，频域性能指标采用频域分析法。本章主要介绍基于频域分析法进行校正。

1. 时域性能指标

（1）动态性能指标：主要包括上升时间 t_r、峰值时间 t_p、调节时间 t_s 和最大超调量 $\delta_p\%$。

（2）稳态性能指标：静态位置误差系数 K_p、静态速度误差系数 K_v、静态加速度误差系数 K_a 以及稳态误差 e_{ss}。

2. 频域性能指标

(1)开环频率指标:剪切频率(截止频率、幅值穿越频率)ω_c、幅值裕度 K_g 和相角裕度 γ。

(2)闭环频率指标:谐振峰值 M_r、谐振频率 ω_r 和带宽频率(闭环截止频率)ω_b。

3. 性能指标的转换

采用不同的校正方法,因此需要将性能指标进行转换。

根据二阶系统的特征参数 ξ、ω_n,可以获得:

时域指标:$t_s=\dfrac{3}{\xi\omega_n}(\Delta=5\%)$,$\sigma\%=e^{-\frac{\pi\xi}{\omega_n\sqrt{1-\xi^2}}}\times100\%$

频域指标:$\omega_c=\omega_n\sqrt{\sqrt{1+4\xi^4}-2\xi^2}$,$\gamma=\arctan\dfrac{2\xi}{\sqrt{\sqrt{1+4\xi^4}-2\xi^2}}$

6.1.3 校正目标

基于频域分析法进行校正主要通过增加适当的校正装置,改善校正后系统的开环对数幅频特性曲线的形状,使校正后系统满足以下要求。

1. 低频段

低频段为开环对数幅频特性曲线的第一个转折频率以左的部分,主要反映开环系统的型别(积分环节的个数)和开环增益 K,影响系统的稳态精度。

因此校正后的系统的低频段要有一定的高度和斜率,以满足系统稳态精度的要求。

2. 中频段

中频段为开环对数幅频特性曲线 $L(\omega)=0$、截止频率 ω_c 附近的部分,这部分的斜率和 ω_c 的大小主要反映系统的稳定性和动态性能。

因此校正后的系统的中频段的截止频率 ω_c 要足够大,满足系统快速性的要求;中频段的斜率为 -20dB/dec,要有足够的宽度,满足系统相对稳定性的要求。

3. 高频段

高频段为开环对数幅频特性曲线的最后一个转折频率以右的部分,主要反映系统的抗干扰的性能。

因此校正后的系统的高频段的斜率应该更负,-40dB/dec 或更负,以满足抑制高频噪声的要求。

6.2 PID 控制器

1. 比例(P)控制器

(1)比例控制规律

$$m(t)=K_pe(t) \tag{6-1}$$

控制器的输出信号 $m(t)$ 与其输入误差信号 $e(t)$ 成比例,K_p 为比例系数。

(2)传递函数

$$G_c(s)=K_p \tag{6-2}$$

(3)实现电路

比例控制器的动态结构图如图 6-3(a)所示,用运算放大器实现的比例控制器的基本电路如图 6-3(b)所示。

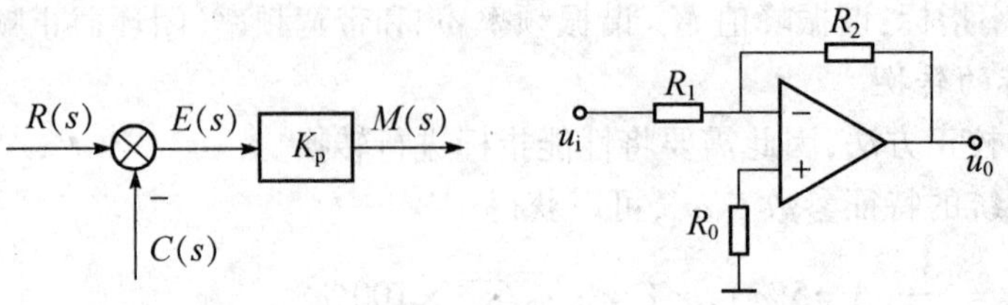

(a) (b)

图 6-3 比例控制器

(a)动态结构图;(b)基本电路

增大比例系数 K_p 可提高系统开环增益,减小系统稳态误差,但会降低系统的相对稳定性。

2. 比例积分(PI)控制器

具有比例积分控制规律的控制器,称为 PI 控制器。

(1)比例积分(PI)控制规律

比例积分控制器的输出信号 $m(t)$ 同时与其输入误差信号 $e(t)$ 及输入误差信号的积分成比例。K_p 为比例系数,T_I 为积分时间系数,$K_I=\dfrac{K_p}{T_I}$为积分系数。

$$m(t) = K_p e(t) + \frac{K_p}{T_I}\int_0^t e(t)\,dt = K_p e(t) + K_I\int_0^t e(t)\,dt \tag{6-3}$$

(2)传递函数

$$G_c(s) = \frac{K_I(T_I s+1)}{s} \tag{6-4}$$

(3)实现电路

比例积分控制器的动态结构图如图 6-4(a)所示,用运算放大器实现的比例积分控制器的基本电路如图 6-4(b)所示,$T_I=R_I C_I$。

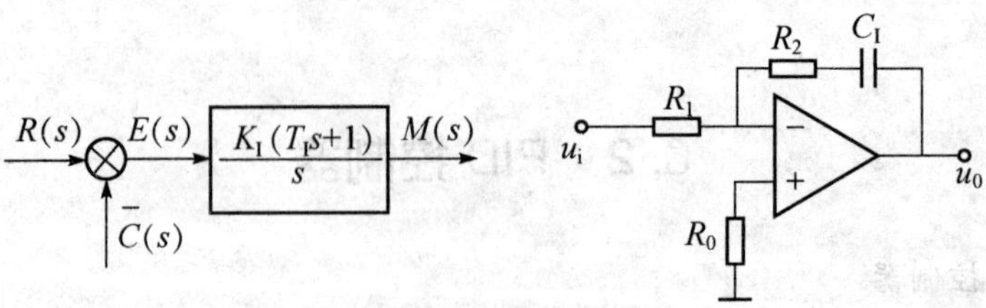

(a) (b)

图 6-4 比例积分控制器

(a)动态结构图;(b)基本电路

由式(6-4)可知,比例积分控制器由一个比例环节、一个积分环节和一个一阶微分环节构成。积分环节使系统的型别提高,减小了系统稳态误差,系统的稳态精度得到改善;积分环节引入了负相位,使系统的稳定性变差。一阶微分环节使得系统在左半 s 平面引入一个开环零点,提高系统的阻尼程度,缓和极点对系统产生的不利影响。只要积分时间常数 T_I 足够大,比例积分控制器对系统的不利影响可大为减小。

比例积分控制器主要用来改善控制系统的稳态性能。

3. 比例微分(PD)控制器

(1)比例微分(PD)控制规律

比例微分控制器的输出信号 $m(t)$ 同时与其输入误差信号 $e(t)$ 及输入误差信号的微分成比例,T_D 为微分时间常数。

$$m(t) = K_p e(t) + K_p T_D \frac{de(t)}{dt} = K_p\left[e(t) + T_D \frac{de(t)}{dt}\right] \tag{6-5}$$

(2)传递函数

$$G_c(s) = K_p(1 + T_D s) \tag{6-6}$$

(3)实现电路

比例微分控制器的动态结构图如图 6-5(a)所示,用运算放大器实现的比例微分控制器的基本电路如图 6-5(b)所示,$K_p = \frac{R_I}{R_D}$,$T_D = R_D C_D$。

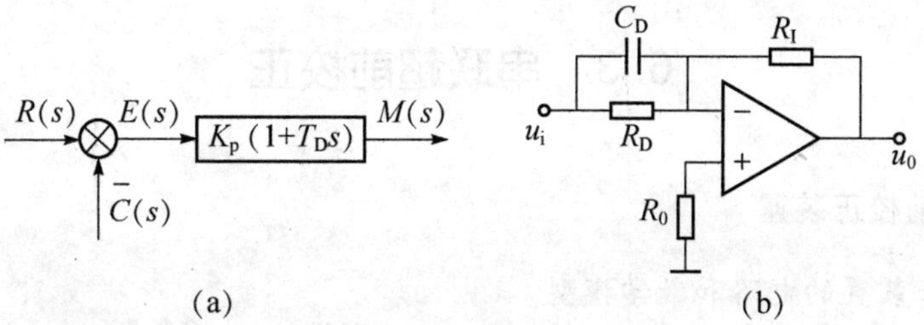

图 6-5　比例微分控制器

(a)动态结构图;(b)基本电路

比例微分控制规律中的微分控制作用能反映输入信号的变化趋势,从而产生有效的早期修正信号,可改善系统的动态性能。在串联校正时,可使系统增加一个 $-\frac{1}{T_D}$ 的开环零点,使系统的相角裕度提高,因此有助于系统动态性能的改善。

比例微分控制器主要用来改善系统的动态性能。

4. 比例积分微分(PID)控制器

(1)比例积分微分(PID)控制规律

具有积分比例积分微分控制规律的控制器,称为 PID 控制器,控制器的输出信号 $m(t)$ 与其输入误差信号 $e(t)$ 的关系为:

$$m(t) = K_p e(t) + \frac{K_p}{T_I}\int_0^t e(t)\,dt + K_p T_D \frac{de(t)}{dt} \tag{6-7}$$

(2)传递函数

$$G_c(s) = K_p\left(1 + \frac{1}{T_I s} + T_D s\right) = K_c \frac{(T_I s + 1)(T_D s + 1)}{s} \tag{6-8}$$

(3)实现电路

比例积分微分控制器的动态结构图如图 6-6(a)所示,用运算放大器实现的比例积分微分控制器的基本电路如图 6-6(b)所示，$K_c = \dfrac{1}{R_D C_I}$，$T_I = R_I C_I$，$T_D = R_D C_D$。

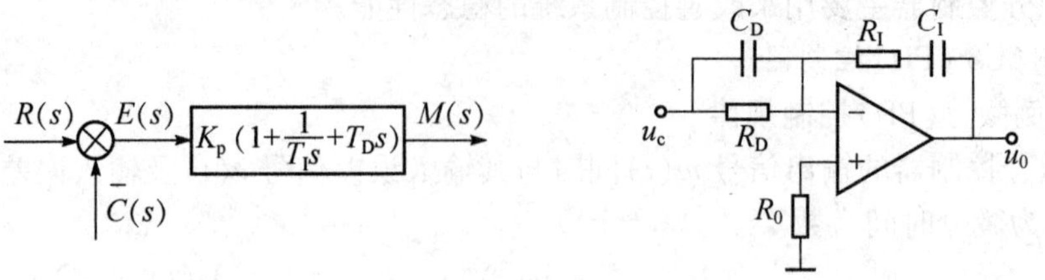

图 6-6　比例积分微分控制器

(a)动态结构图；(b)基本电路

PID 控制器引入了一个积分环节和两个微分环节，校正后系统增加了一个极点，积分环节可提高系统的型别，改善系统的稳态性能；两个微分环节引入了两个负实数零点，提高了系统的相对稳定性和动态性能。

积分发生在低频段，提高稳态性能；微分发生在高频段，改善动态性能。

6.3　串联超前校正

6.3.1　超前校正装置

1. 超前校正装置的电路和数学模型

超前校正装置的实现有多种的电路，如图 6-7 所示为常见的无源超前校正装置的电路图。

超前校正装置的传递函数 $G_c(s)$ 为：

$$G_c(s) = \frac{U_0(s)}{U_i(s)} = \frac{1}{\alpha}\frac{1+\alpha Ts}{1+Ts} = \frac{1}{\alpha}\frac{s+\frac{1}{\alpha T}}{s+\frac{1}{T}} \tag{6-9}$$

式中，$T = \dfrac{R_1 R_2}{R_1 + R_2}C$；$\alpha = \dfrac{R_1 + R_2}{R_2} > 1$。

由式(6-9)可知，无源超前校正装置使得校正后系统的开环增益下降了 α 倍，因此需增加放大器 α 补偿校正装置引起的幅值衰减，则无源超前校正装置的传递函数为：

$$G_c(s) = \frac{U_0(s)}{U_i(s)} = \frac{1+\alpha Ts}{1+Ts} = \frac{s+\frac{1}{\alpha T}}{s+\frac{1}{T}} \tag{6-10}$$

图 6-8 为超前校正装置的零极点分布图，α 值越大，零点越靠近虚轴。

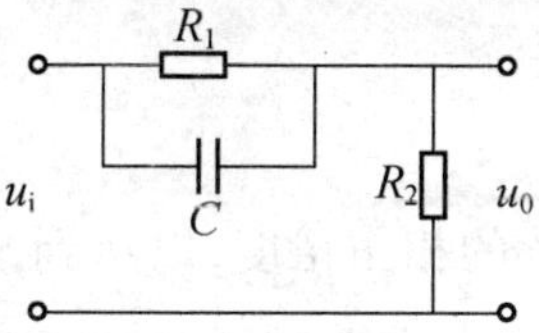

图 6-7　无源超前校正装置

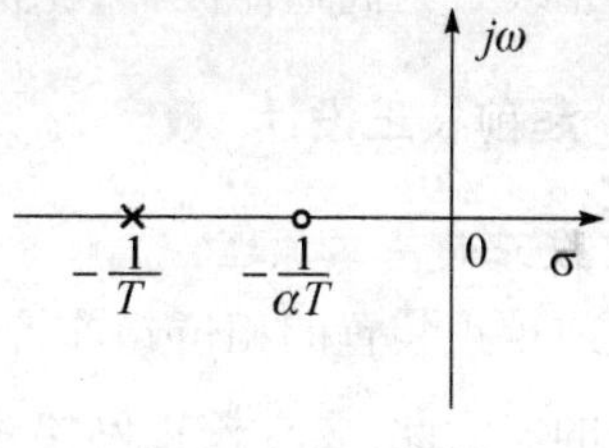

图 6-8　超前校正装置零极点分布图

2. 超前校正装置的频率特性

式(6-10)的频率特性为:

$$G_c(j\omega)=\frac{1+\alpha Tj\omega}{1+Tj\omega} \tag{6-11}$$

对数幅频和相频特性分别为:

$$L(\omega)=20\lg|G_c(j\omega)|=20\lg\sqrt{1+(\alpha T\omega)^2}-20\lg\sqrt{1+(T\omega)^2} \tag{6-12}$$

$$\varphi(\omega)=\arctan\alpha T\omega-\arctan T\omega \tag{6-13}$$

则式(6-10)所示 $G_c(s)$ 的伯德图(Bode),如图 6-9 所示。

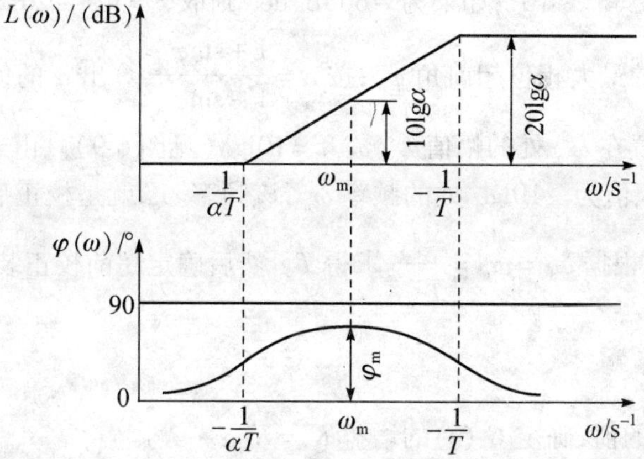

图 6-9　超前校正装置的伯德图

由于 $\alpha>1$,当 $0<\omega<\infty$ 时,超前校正装置的输出信号在相位上总超前于输入信号一个角度,超前校正的名称因而得来。在 $\omega=\omega_m$ 时,$G_c(j\omega)$ 有最大的相位超前角 φ_m。

$$\sin\varphi_m=\frac{\alpha-1}{\alpha+1} \tag{6-14}$$

或

$$\alpha=\frac{1+\sin\varphi_m}{1-\sin\varphi_m} \tag{6-15}$$

最大相位超前角对应的频率 ω_m 为两个转折频率 $\frac{1}{\alpha T}$ 和 $\frac{1}{T}$ 的几何中点,即:

$$\omega_m=\frac{1}{\sqrt{\alpha}T}=\sqrt{\frac{1}{T}\times\frac{1}{\alpha T}} \tag{6-16}$$

最大相位超前角处的对数幅频特性 $L_c(\omega_m)$ 满足式(6-17):

$$L_c(\omega_m)=20\lg|G_c(j\omega)|_{\omega=\omega_m}=10\lg\alpha \tag{6-17}$$

超前校正装置为高通滤波器,比例微分控制器为超前校正装置。

6.3.2 超前校正设计

1. 超前校正的基本原理

利用超前校正装置的相位超前特性 $\varphi_c(\omega)$ 来增大系统的相角裕度,以达到改善系统动态响应的目的。为此,要求校正网络最大的相位超前角 φ_m 出现在校正后系统的截止频率(剪切频率)ω_c 处。

2. 串联超前校正的一般步骤

(1)根据稳态误差的要求,确定开环增益 K。

(2)根据所确定的开环增益 K,画出未校正系统的伯德图,计算未校正系统的相角裕度 γ_0。

(3)由给定的相角裕度值 γ,计算超前校正装置提供的最大相位超前角 φ_m,即

$$\varphi_m = \gamma - \gamma_0 + \varepsilon \tag{6-18}$$

ε 是用于补偿因超前校正装置的引入,使系统截止频率增大而增加的相位滞后量。ε 值通常是这样估计的:如果未校正系统的开环对数幅频特性在截止频率处的斜率为 -40dB/dec,一般取 $\varepsilon = 5° \sim 10°$;如果为 -60dB/dec 则取 $\varepsilon = 12° \sim 20°$。

(4)根据所确定的最大相位超前角 φ_m,按 $\alpha = \dfrac{1+\sin\varphi_m}{1-\sin\varphi_m}$,算出 α 的值。

(5)计算校正装置在 ω_m 处的幅值 $L_c(\omega_m) = 10\lg\alpha$(见图 6-9)。由未校正系统的对数幅频特性曲线,求得其幅值为 $-10\lg\alpha$ 处的频率 ω_m,该频率 ω_m 就是校正后系统的开环截止频率 ω_c,即 $\omega_c = \omega_m$。则根据 $\omega_c = \omega_m = \dfrac{1}{T\sqrt{\alpha}}$ 求得 T。然后确定超前校正装置的转折频率 ω_1 和 ω_2。$\omega_1 = \dfrac{1}{\alpha T}$,$\omega_2 = \dfrac{1}{T}$。

(6)根据 K 和 α 的值,确定 $G_c(s)$ 的增益 $K_c = K/\alpha$。

(7)画出校正后系统的伯德图,并验算相角裕度是否满足要求?如果不满足,则需增大 ε 值,从第(3)步开始重新进行设计。

[例 6-1] 某一单位反馈系统的开环传递函数为 $G_0(s) = \dfrac{4}{s(s+2)}$,设计一个超前校正装置,使校正后系统的静态速度误差系数 $K_v = 20\text{s}^{-1}$,相角裕度 $\gamma = 50°$,幅值裕度 $20\lg K_g = 10\text{dB}$。

解:(1)根据对静态速度误差系数的要求,确定系统的开环增益 K。

设超前校正装置传递函数为:

$$G_c(s) = \frac{1+\alpha Ts}{1+Ts}$$

则校正后的系统开环传递函数为:

$$G(s) = G_c(s)G_0(s)$$

令:

$$G_1(s) = KG_0(s) = \frac{4K}{s(s+2)}$$

静态速度误差系数 $K_v=\lim\limits_{s\to 0}s\dfrac{4K}{s(s+2)}=2K=20$，则系统的开环增益 $K=10$。

当 $K=10$ 时，未校正系统的开环频率特性为：

$$G_1(j\omega)=\frac{40}{j\omega(j\omega+2)}=\frac{20}{\omega\sqrt{1+\left(\frac{\omega}{2}\right)^2}}\angle -90^\circ-\arctan\frac{\omega}{2}$$

（2）确定未校正系统的相角裕度 γ_0

1）根据伯德图获得：绘制未校正系统的伯德图，如图 6-10（a）中的虚线所示。由该图可知未校正系统的相角裕度为 $\gamma_0=17^\circ<50^\circ$。

2）计算获得：根据 $L_0(\omega)=20\lg 20-20\lg\omega-20\lg\sqrt{1+\left(\dfrac{\omega}{2}\right)^2}=0$，求得未校正系统的截止频率 $\omega_{c0}=6.17$，代入相角裕度计算公式 $\gamma=180^\circ+\left(-90^\circ+\arctan\dfrac{\omega}{2}\right)$，求得未校正系统的相角裕度为 $\gamma_0=17.96^\circ$。

由此可知，两者误差较小，因此在高阶系统校正中可以根据伯德图获得未校正系统的相角裕度 γ_0。

（3）根据相角裕度的要求确定超前校正装置的最大相位超前角：

$$\varphi_m=\gamma-\gamma_0+\varepsilon=50^\circ-17^\circ+5^\circ=38^\circ$$

（4）由式（6-15）计算 α：$\alpha=\dfrac{1+\sin\varphi_m}{1-\sin\varphi_m}=\dfrac{1+\sin 38^\circ}{1-\sin 38^\circ}=4.2$

（5）确定超前校正装置在 ω_m 处的幅值 $L_c(\omega_m)$

1）根据伯德图获得：$10\lg\alpha=10\lg 4.2\approx 6.2\text{dB}$，据此，在未校正系统的开环对数幅值为 -6.2dB 处对应的频率为 $\omega=\omega_m=9\text{s}^{-1}$，这一频率就是校正后系统的截止频率 ω_c。

2）根据未校正系统的开环频率特性 $L_0(\omega)$ 计算获得：

$L_0(\omega)=20\lg 20-20\lg\omega-20\lg\sqrt{1+\dfrac{\omega^2}{4}}$，当 $\omega=\omega_m$ 时，$L_0(\omega_m)=-6.2\text{dB}$，

求得 $\omega=8.93=\omega_c$。

由此可知，两种计算方法误差较小，因此在高阶系统校正中可以根据伯德图获得校正后系统的截止频率 ω_c。

据 $\omega_m=\dfrac{1}{T\sqrt{\alpha}}=\omega_c=9\text{s}^{-1}$，可得 $T=0.054\text{s}$，则超前校正装置的转折频率可以根据以下计算可得：

$$\omega_1=\frac{1}{\alpha T}=\frac{\omega_m}{\sqrt{\alpha}}=\frac{9}{\sqrt{4.2}}=4.4,\ \omega_2=\frac{1}{T}=\sqrt{\alpha}\omega_m=\sqrt{4.2}\times 9=18.4$$

（6）确定 $G_c(s)$ 的增益 $K_c=K/\alpha$

$$G_c(s)=K_c\frac{s+4.4}{s+18.4}=K_c\alpha\frac{1+0.227s}{1+0.054s}$$

由于 $K_c=K\alpha=10\times 4.2=42$，则：

$$G_c(s)=42\times\frac{s+4.4}{s+18.4}=10\times\frac{1+0.227s}{1+0.054s}$$

(7)校正后系统的框图如图 6-10(b)所示,其开环传递函数为:

$$G_c(s)G_0(s)=\frac{4\times 42(s+4.4)}{s(s+2)(s+18.4)}=\frac{20(1+0.227s)}{s(1+0.5s)(1+0.054s)}$$

校正后的伯德图如图 6-10(a)中实线 L 所示。由该图可见,校正后系统的相角裕度为 $\gamma=50°$,幅值裕度为 $20\lg K_g=\infty$ dB,均已满足系统设计要求。

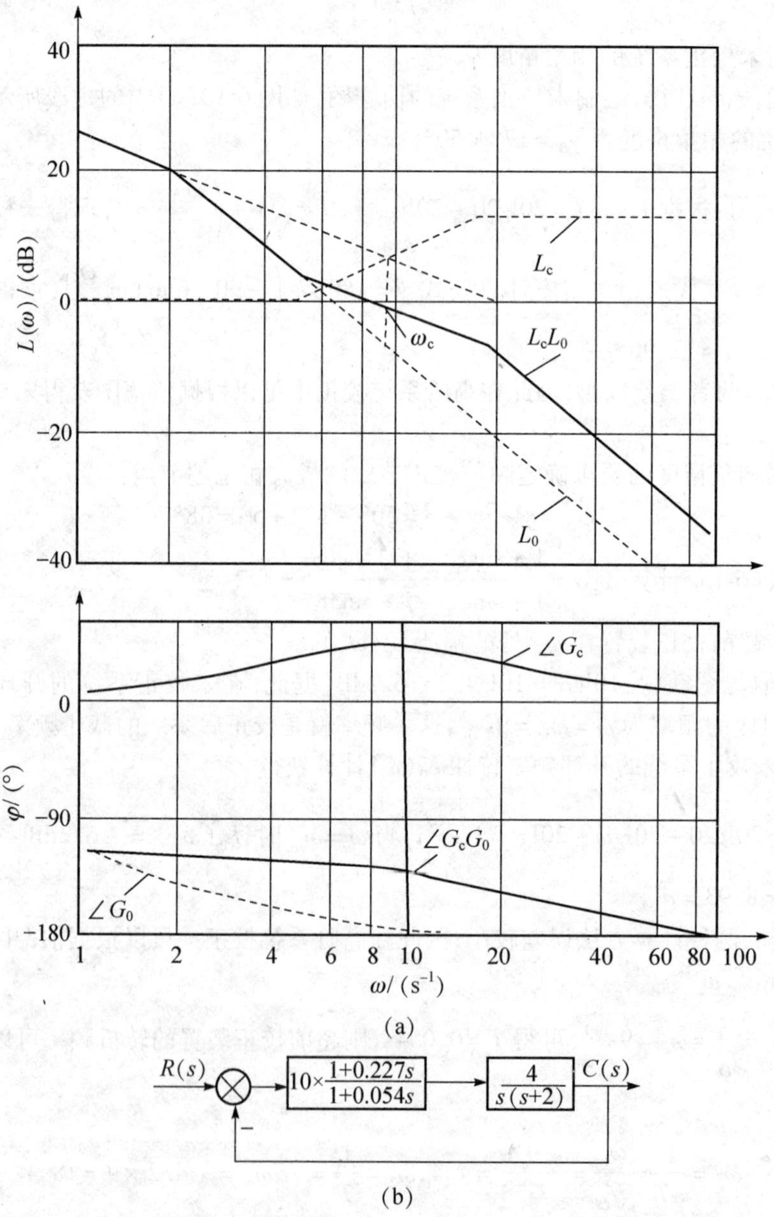

图 6-10 系统伯德图及框图

(a)未校正系统和校正后系统的伯德图;(b)校正后系统框图

3. 串联超前校正的特点

(1)串联超前校正利用串联超前校正装置的相位超前特性进行校正,校正后系统的中频段的幅频特性的斜率为 -20dB/dec,具有足够大的相位裕度、系统阻尼比增加、最大超调量降低,提高系统的相对稳定性。

(2)串联超前校正拓宽了系统的截止频率 ω_c,则校正后系统的频带变宽,使得系统动态响应的速度变快。

(3)串联超前校正使高频段的幅频特性抬高,系统的高频抗干扰能力下降。

4. 串联超前校正使用的条件

(1)串联超前校正适用于稳态精度满足要求,动态性能较差即动态响应慢、相对稳定性差的系统。

(2)串联超前校正不宜用于:

1)截止频率 ω_c 附近相位迅速减小的系统。因为随着截止频率 ω_c 增大,未校正系统的相位迅速减小,需要补偿的相位较大,超前校正装置提供的最大相位超前角一般不应大于 60°,则超前校正装置的作用无效。

2)不稳定、抗高频干扰要求高的系统。因为如果未校正系统不稳定,超前校正装置需要提供很大的相位超前角,则超前校正装置的参数 α 需选得很大,导致校正后系统的带宽过大,高频抗干扰能力下降,系统可能失控。

以上两种情况可采用两级或两级以上的超前校正装置进行串联超前校正,或采用串联滞后校正进行校正。

6.4　串联滞后校正

6.4.1　滞后校正装置

1. 滞后校正装置的电路和数学模型

滞后校正装置的实现有多种的电路,如图 6-11 所示为常见的无源超前校正装置的电路图。

滞后校正装置的传递函数 $G_c(s)$ 为:

$$G_c(s)=\frac{U_0(s)}{U_i(s)}=\frac{1+Ts}{1+\beta Ts} \tag{6-19}$$

式中,$\beta=\dfrac{R_1+R_2}{R_2}>1$,$T=R_2C$,$\beta T=(R_1+R_2)C$。

图 6-12 为滞后校正装置的零极点分布图。

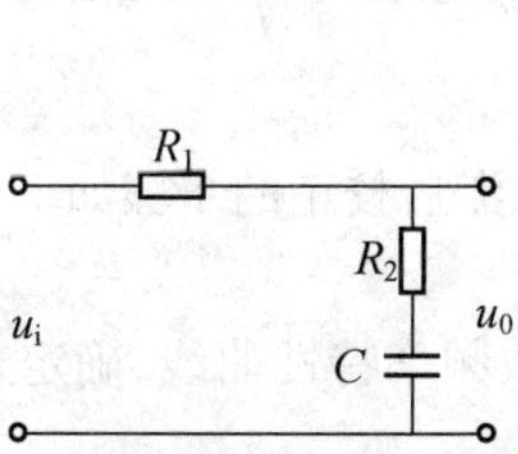

图 6-11　无源滞后校正装置

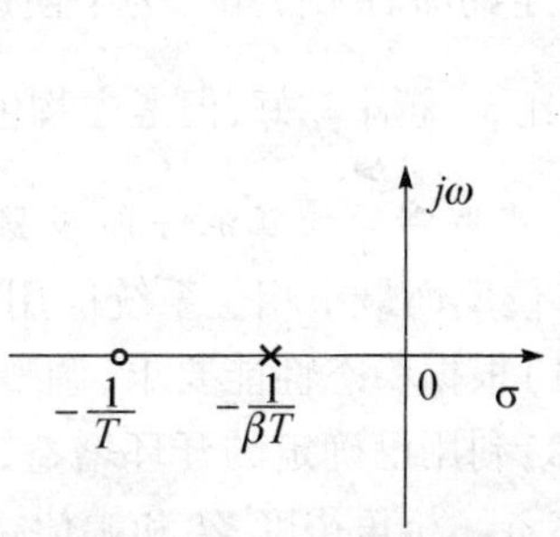

图 6-12　滞后校正装置零极点分布图

2. 滞后校正装置的频率特性

式(6-19)的频率特性为:

$$G_c(j\omega)=\frac{1+Tj\omega}{1+\beta Tj\omega} \tag{6-20}$$

对数幅频和相频特性分别为：

$$L(\omega)=20\lg|G_c(j\omega)|=20\lg\sqrt{1+(T\omega)^2}-20\lg\sqrt{1+(\beta T\omega)^2} \tag{6-21}$$

$$\varphi(\omega)=\arctan T\omega-\arctan\beta T\omega \tag{6-22}$$

滞后校正装置的伯德图如图6-13所示。从图中可得该装置的输出信号在相位上总滞后于输入信号一个角度，滞后校正装置因此得名。滞后校正装置为低通滤波器，在高频时幅值衰减 $1/\beta$，可用于高频噪声的抑制。β 越大，抑制噪声的能力越强，通常取 $\beta=10$。

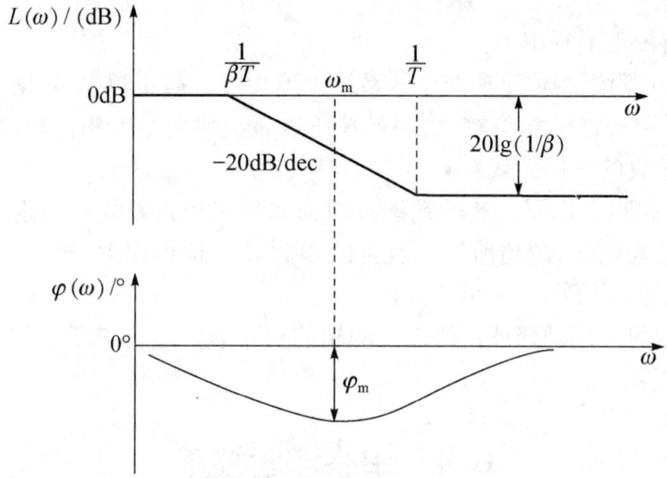

图6-13 滞后校正装置的伯德图

6.4.2 滞后校正设计

1. 串联滞后校正的基本原理

利用串联滞后校正装置的高频幅值衰减特性进行校正。滞后校正装置具有低通滤波器的特性，当它与系统的不可变部分串联相连时，会使系统开环频率特性的中频和高频段增益降低和截止频率 ω_c 减小，从而有可能使系统获得足够大的相角裕度，它不影响频率特性的低频段。由此可见，滞后校正在一定的条件下，也能使系统同时满足动态和稳态的要求。

滞后校正后系统的截止频率减小，动态响应的速度变慢；在截止频率 ω_c 处，滞后校正装置产生一定的滞后相位角。为了使这个滞后相位角尽可能小，理论上希望 $G_c(s)$ 两个转折频率 ω_1、ω_2 比 ω_c 越小越好，但考虑物理实现上的可行性，一般取 $\omega_2=\dfrac{1}{T}=(0.25\sim0.1)\omega_c$ 为宜。

2. 串联滞后校正的一般步骤

单位反馈最小相位系统应用频域分析法进行串联滞后校正的步骤如下：

(1)根据稳态性能要求，调整开环增益 K；

(2)利用已确定的开环增益，画出未校正系统对数频率特性曲线，确定未校正系统的截止频率 ω_{c0}、相角裕度 γ_0 和幅值裕度 K_{g0}(dB)；

(3)根据校正后相角裕度 γ 要求，选择校正后系统的截止频率 ω_c。在未校正系统的相频特性 $L_0(\omega)$ 上选取频率 ω_c，这时相位角 $\varphi=\varphi_0(\omega_c)=-180°+\gamma+\varepsilon$，$\varepsilon$ 为补偿滞后校正装置在 ω_c 处所产生的滞后相位角，通常取 $\varepsilon=5°\sim15°$。

(4)确定 β：未校正系统的对数幅频特性 $L_0(\omega)$ 在新的截止频率 ω_c 处的幅值衰减到0dB时所需的衰减量由滞后校正装置的高频部分来实现，即：

$$20\lg\beta = L_0(\omega_c) \tag{6-23}$$

(5)滞后校正装置的转折频率：$\dfrac{1}{T}=\left(\dfrac{1}{5}\sim\dfrac{1}{10}\right)\omega_c$；$\dfrac{1}{\beta T}$。

(6)绘制校正后系统的伯德图，验算已校正系统的相角裕度和幅值裕度是否满足要求，如果不满足要求，则应改变 T 值，重新设计。

[例 6-2]　一单位反馈系统，其前向通道的传递函数为 $G_0(s)=\dfrac{4}{s(2s+1)}$，设计一滞后校正装置，使校正后系统的相角裕度为 40°，静态速度误差不变。

解：(1)作未校正系统的伯德图如图 6-14(a)所示；

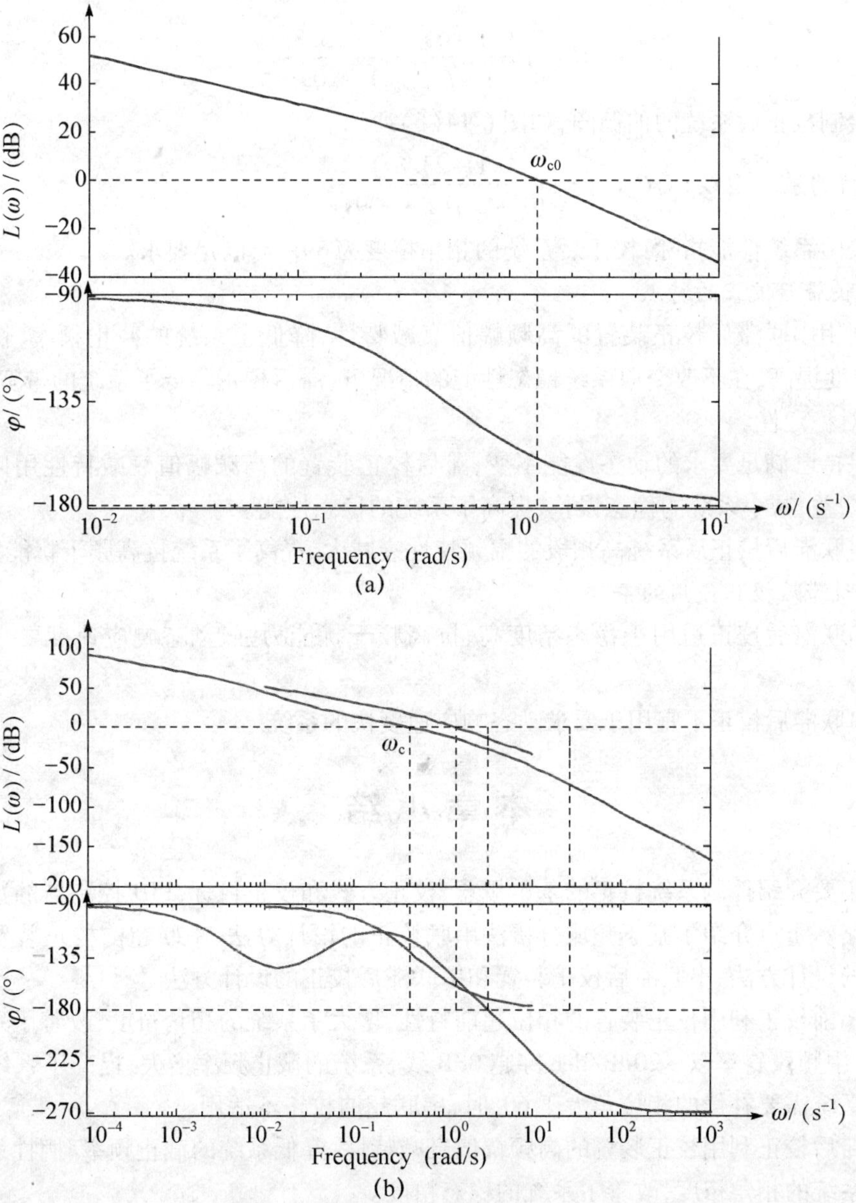

图 6-14　系统伯德图

(a)未校正前系统伯德图；(b)校正后系统伯德图

未校正系统的截止频率为 $\omega_{c0}=1.37\mathrm{rad/s}$，相角裕度为 $\gamma_0=20.1°$。

(2)选择校正后系统的 ω_c

$$\varphi_0(\omega_c)=-180°+\gamma+\varepsilon=-180°+40°+10°=-130°$$

$$\omega=\omega_c=0.42\mathrm{s}^{-1}$$

(3)确定 β 值

未校正系统在 $\omega_c=0.42\mathrm{s}^{-1}$ 处的幅频特性为 $L_0(\omega_c)$

$20\lg\beta=L_0(\omega_c)$，确定 $\beta=8.78$

取 $\frac{1}{T}=\frac{1}{10}\omega_c=0.042$，$T=23.8$，$\beta T=209$

$$G_c(s)=\frac{1+Ts}{1+\beta Ts}=\frac{1+23.8s}{1+209s}$$

(4)绘制校正后系统的伯德图，如图 6-14(b)所示。

校正后的系统为 $G_c(s)G_0(s)=\dfrac{4(1+23.8s)}{s(1+2s)(1+209s)}$

(5)校验系统性能指标：校正后系统的相角裕度为 59.7°，满足要求。

3. 串联滞后校正的特点

(1)利用串联滞后校正装置的高频幅值衰减特性，降低了系统的截止频率，快速性变差，相角裕度提高，在不改变原系统稳态性能的情况下，滞后校正降低了系统的带宽，改善了系统的相对稳定性。

(2)保持已满足要求的动态性能不变，滞后校正装置的高频幅值衰减特性用以提高系统的开环增益，减小系统的稳态误差，提高了系统的稳态性能。

(3)串联滞后校正后系统高频段的幅频特性衰减大，提高了系统抗高频干扰能力。

4. 串联滞后校正使用的条件

(1)串联滞后校正适用于稳态精度高、抗高频干扰能力强、动态响应速度要求不高的系统。

(2)串联滞后校正不宜用于要求动态响应速度快的系统。

本章小结

本章主要介绍控制系统校正的基本概念、校正方式和校正目标，PID 控制器的数学模型和实现电路。重点介绍了基于频域分析法串联校正的设计方法、串联超前校正装置和串联超前校正的设计方法、串联滞后校正装置和串联滞后校正的设计方法。

串联超前校正利用校正装置的相位超前特性，增大了系统的相角裕度，改善了系统的相对稳定性；中频段斜率以 -20dB/dec 穿越 0dB 线，系统的截止频率增大，提高了系统的快速性。若原系统需要补偿的相位角大于 60°时，串联超前校正不适用。

串联滞后校正利用校正装置的高频幅值衰减特性，降低系统的截止频率、牺牲系统的快速性改善系统的相角裕度，改善了系统的稳态精度。

要求系统动态响应速度快、抗高频干扰能力不高的场合可采用串联超前校正，系统动态响应速度要求不高、抗高频干扰能力高的场合可采用串联滞后校正。

习　题

6-1　简述串联超前校正装置和串联滞后校正装置的区别？

6-2　PI控制器和PD控制器的区别？

6-3　已知单位负反馈系统前向通道的传递函数为 $G_0(s)=\dfrac{200}{s(s+10)(s+2)}$，若对系统进行串联超前校正，令校正装置的传递函数为 $G_c(s)=\dfrac{1+0.23s}{1+0.023s}$，试求校正后系统的相角裕度和幅值裕度。

6-4　设单位负反馈系统的开环传递函数为：

$$G_0(s)=\frac{3200}{s(s+5)(s+16)}$$

要求校正后系统的相角裕度为50°，幅值裕度为30～40(dB)，试设计串联滞后校正装置。

6-5　设单位负反馈系统的开环传递函数 $G(s)=\dfrac{K}{s(s+1)(s+100)}$，单位斜坡输入时，稳态误差 $e_{ss}\leqslant 0.0625$。若使校正后相角裕度 $\gamma\geqslant 45°$，截止频率 $\omega_c\geqslant 2\mathrm{rad/s}$，试设计串联校正装置。

第7章　自动控制系统实例

有了前面章节的内容，本章将给出几个自动控制系统实例，希望能加深和巩固对自动控制原理的理解。

7.1　十字路口交通信号灯的PLC控制

7.1.1　十字路口交通信号及其控制时序

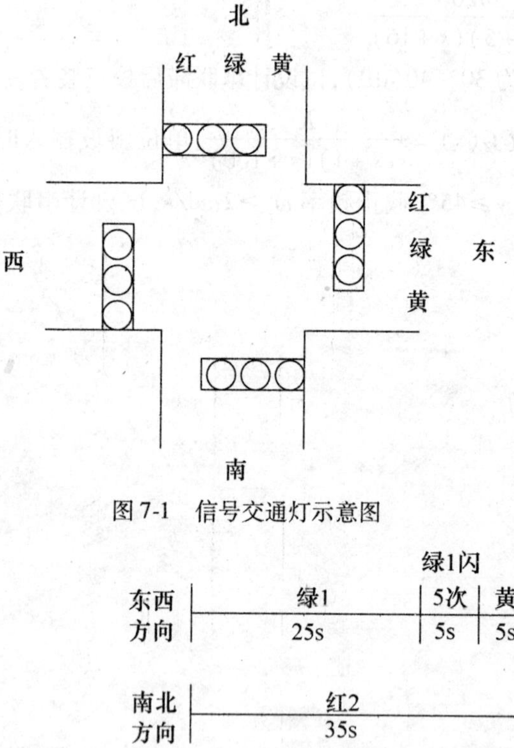

图7-1　信号交通灯示意图

十字路口交通信号灯是道路上最常见的交通信号，其控制系统示意如图7-1所示。

对这些灯的控制，有如下要求：

(1)按下启动按钮，交通信号灯控制系统开始周而复始循环工作。

(2)控制时序如图7-2所示。

(3)按下停止按钮，系统停止工作。

7.1.2　十字路口交通信号灯的PLC控制

在实际应用中，常常选择可编程序控制器(PLC)来对这些信号灯进行控制。考虑性价比，这里选择最常用的西门子S7-200型PLC作为控制器（例如可选用CPU224）。

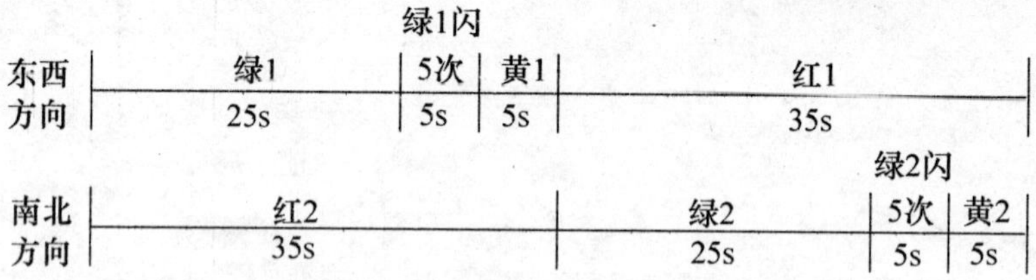

图7-2　交通灯的控制时序

由于该系统完全是一个按照时序来进行控制的，故可以采用定时器指令编程控制。为了实现其工作时序，设置10个定时器控制交通信号灯，定时器T41～T46的工作时序如图7-3所示。绿灯1的闪烁使用定时器T47、T48控制；绿灯2的闪烁使用定时器T49、T50控制。

PLC的内存和地址分配见表7-1。

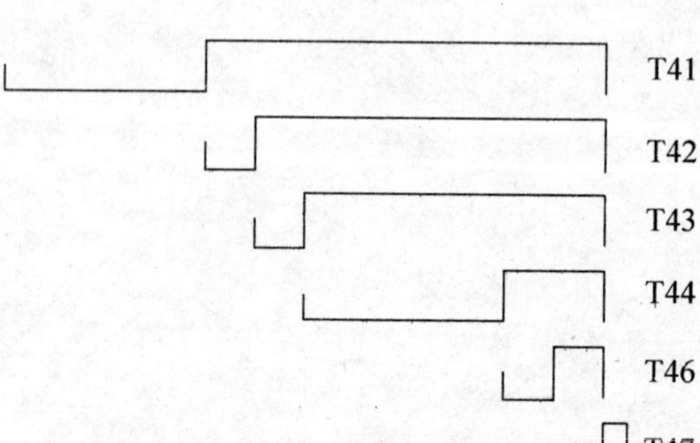

图7-3　定时器的工作时序

表 7-1　PLC 的地址分配

地址	功能
I0. 1	系统启动按钮
I0. 2	系统停止按钮
Q0. 1	绿灯 1
Q0. 2	黄灯 1
Q0. 3	红灯 1
Q0. 4	绿灯 2
Q0. 5	黄灯 2
Q0. 6	红灯 2
M0. 1	系统控制
T41	定时器 1
T42	定时器 2
T43	定时器 3
T44	定时器 4
T45	定时器 5
T46	定时器 6
T47	定时器 7
T48	定时器 8
T49	定时器 9
T50	定时器 10

PLC 的接线图如图 7-4 所示。

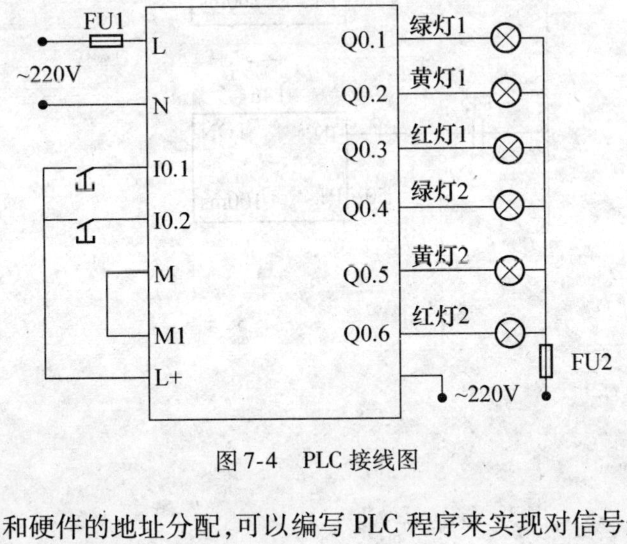

图 7-4　PLC 接线图

根据上述需求和硬件的地址分配，可以编写 PLC 程序来实现对信号灯的控制，图 7-5 是可以实现上述功能的一种程序的梯形图形式。

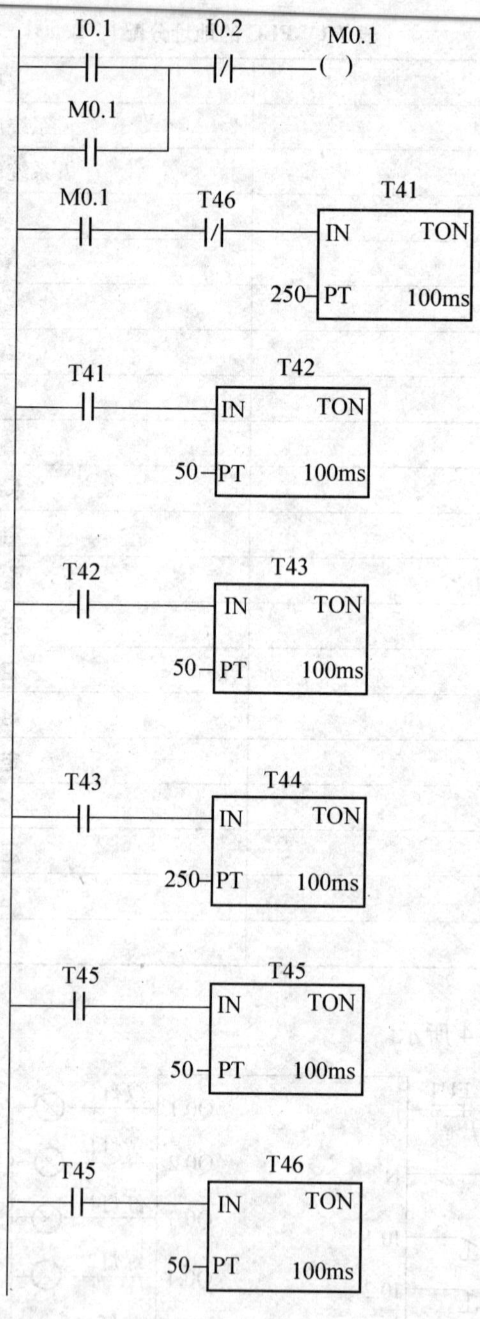
I0.1
I0.2
M0.1
M0.1
M0.1
T46
T41
IN
TON
250
PT
100ms
T41
T42
IN
TON
50
PT
100ms
T42
T43
IN
TON
50
PT
100ms
T43
T44
IN
TON
250
PT
100ms
T45
T45
IN
TON
50
PT
100ms
T45
T46
IN
TON
50
PT
100ms

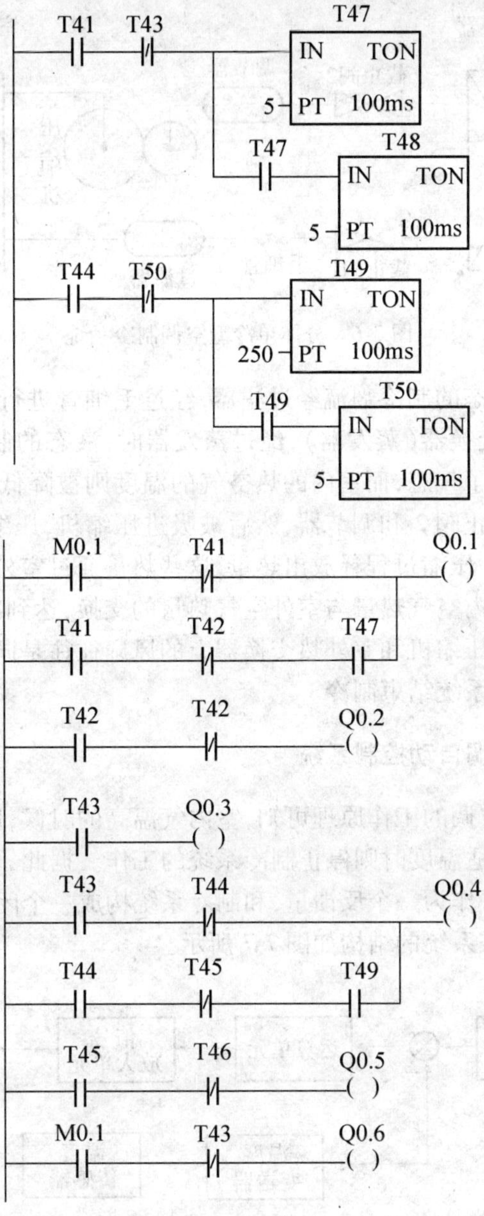

图 7-5　PLC 的梯形图程序

7.2　分体单冷空调自动控制系统

空调是调节某区域内空气的装置，利用它可以调节某区域内的温度、湿度、气流速度、洁净度等参数指标，从而使人们获得新鲜的空气及舒适的环境。本节以比较简单的分体单冷空调为例，介绍其工作原理和自动控制系统。

7.2.1　分体单冷空调的基本工作原理

分体单冷空调用来对室内空气进行冷却，一般由室外机组和室内机组组成。分体单冷空调的制冷系统如图 7-6 所示。

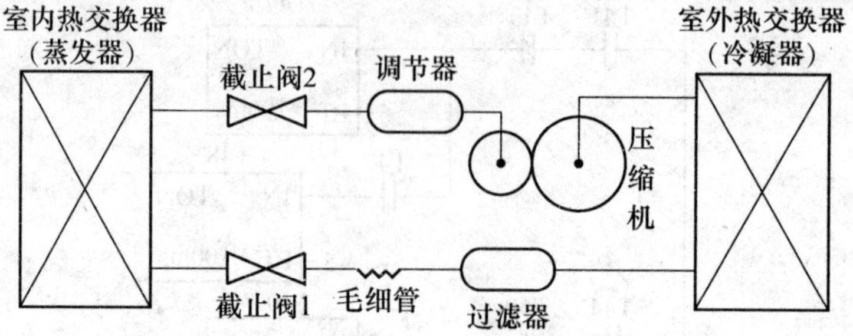

图 7-6　分体单冷型空调制冷系统

制冷系统工作时,液态的制冷剂流经过滤器,经过毛细管进行节流后,低压的制冷剂流经截止阀 1 进入室内热交换器(蒸发器),经过蒸发器时,液态的制冷剂吸收来自室内的热空气的热量,由液态变成了气态,而室内的热空气的温度则被降低了;汽化了的制冷剂再流出室内热交换器,流经截止阀 2 和调节器,然后被吸进压缩机,压缩机对气态的制冷剂进行加压,使其变成液态,这一压缩过程释放出热量,这些热量通过室外热交换器释放到室外;这样周而复始,就能完成室内空气热量与室外空气热量的交换,达到冷却室内空气的目的。

实际上,制冷系统中压缩机和室外热交换器上的风扇往往是同步启停的,两者启动则系统开始制冷,两者停止则系统结束制冷。

7.2.2　分体单冷空调自动控制系统

根据上述分体单冷空调的工作原理可知,室内气温高的时候,启动制冷系统可以降低室内气温,当气温降低到合适温度时则停止制冷系统的工作。据此,可以使用温度传感器适时地检测当前的室内气温并作为一个反馈量,和制冷系统构成一个闭环控制系统,以达到自动控制室内气温的目的。该系统的结构如图 7-7 所示。

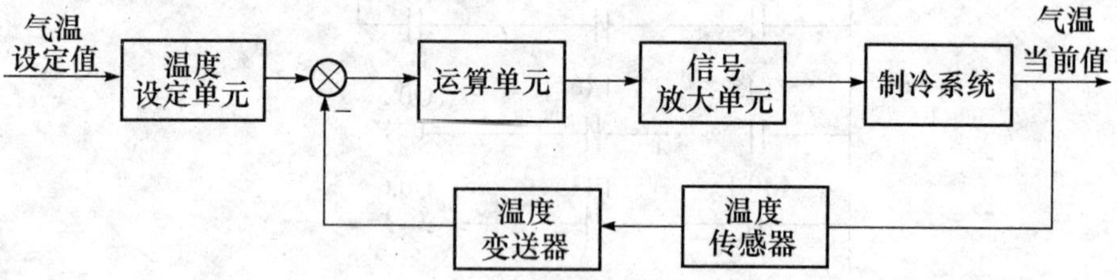

图 7-7　分体单冷空调自动控制系统

系统中温度设定单元的作用是把设定的温度值转换成标准信号;温度传感器把当前的温度信号变成对应的电信号;温度变送器则把来自温度传感器的信号变成标准信号;这两个标准信号比较后的系统偏差输入到了运算单元,运算单元则根据调节规律(例如 PID)对偏差进行运算并得到调节信号;信号放大单元接收运算单元输出的调节信号并进行放大;经过放大的信号再去启动或停止制冷系统;这样就可以起到调节室内气温的作用。

需要注意的是:气温设定值往往是一个温度点,但实际的制冷系统又不宜过于频繁地启停。为了解决这个问题,空调控制器的运算单元里通常设定了一个允许误差带(允许误差范围),当前温度大于允许误差带的上限时,运算单元才启动制冷系统;当前温度小于允许误差带的下限时,运算单元才停止制冷系统;而当前温度位于允许误差带内时,控制器将保持当前的输出(启动或停止),不进行制冷系统的启停切换。例如,设定温度为 26℃,允许误差带为 26±2℃时;如果当前温度高于 28℃,则系统开始制冷;当前温度小于 24℃时,系统停止制冷;而当前温度在 24~28℃范围内,即位于允许误差带内时,控制器的输出是保持不变的。

7.3　锅炉设备的控制

火力发电过程中最主要的设备就是锅炉,锅炉设备的控制主要包括汽包水位控制、蒸汽过热系统的控制和锅炉燃烧过程的控制等。本节将简单介绍这些系统。

7.3.1　汽包水位控制

锅炉汽包水位是被控变量,操作变量是锅炉给水流量。为保证锅炉、汽轮机高质量地安全运行,首先要保证汽包内部的物料平衡,使给水量适应锅炉的蒸汽量,维持汽包中水位在工艺允许范围内,这就是锅炉正常运行的重要指标。

对于负荷变化小的小型锅炉,因为它的负荷小,结构简单,汽包内水的停留时间长,采用简单冲量控制系统,就能保证锅炉的安全运行。但是单冲量控制系统存在三个问题:

1)负荷变化产生虚假液位时,将使控制器反向错误动作。

2)对负荷不灵敏。即负荷变化时,需要引起汽包水位变化后才起控制作用,由于控制缓慢往往导致控制效果下降。

3)对给水干扰不能及时克服。当给水系统出现扰动时,控制作用缓慢,需要等水位发生变化时才起作用。

为了克服以上问题,除了依据汽包水位以外,有时也可以根据蒸汽流量和水流量的变化控制给水阀,形成水位、蒸汽流量和给水流量的三冲量控制系统,而且这三个冲量有不同的连接方式,如图 7-8 所示为其中的一种,它实质上是前馈—串级控制系统,能获得良好的控制效果。

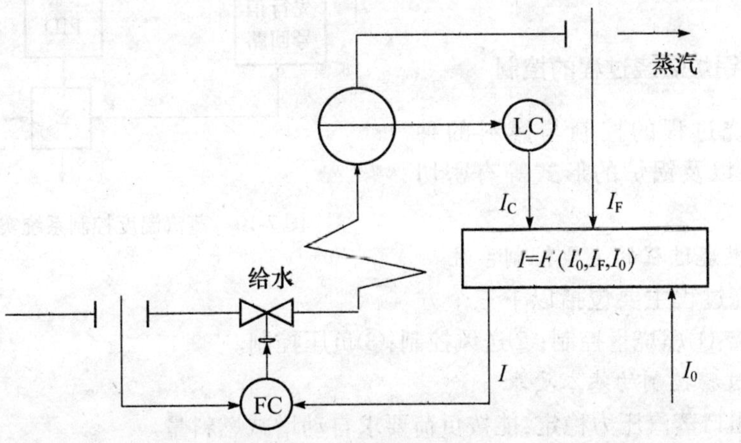

图 7-8　三冲量控制系统

7.3.2 蒸汽过热系统的控制

蒸汽过热系统含有一级过热器、减温器、二级过热器等设备。其控制任务是使过热器出口温度维持在允许范围内,并且保护过热器使管壁温度不超过允许的工作温度。影响过热器出口温度的主要扰动有:蒸汽流量扰动、烟气侧传热量的扰动和喷水量的扰动。

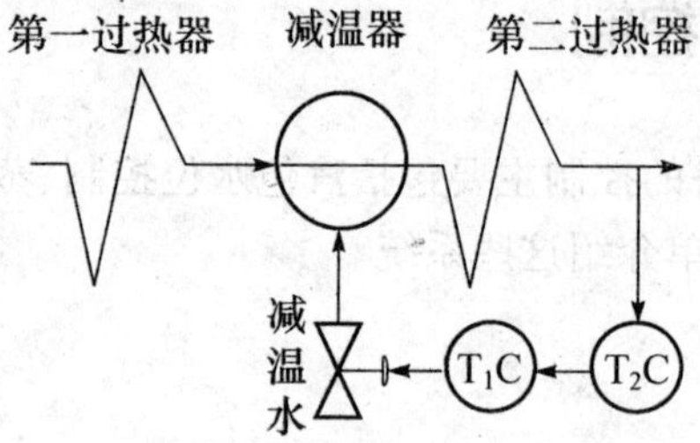

图 7-9 过热器温度串级控制系统

某厂第二级减温器温度控制系统采用如图 7-9 所示的简图。该系统由于采用如下措施,提高了系统的控制性能。

1)设定值回路。在低负荷运行时,主蒸汽温度达不到额定温度,因而需要建立蒸汽温度设定值与蒸汽流量之间的函数关系。经蒸汽流量校正后的设定值与手动上限设定值一起组成设定值回路,向温度控制器提供设定值。

2)先行信号回路。采用了反映外扰的先行信号,它建立在蒸汽流量与喷水控制阀门开度的函数关系的基础上,经过蒸汽流量和各种燃料混烧比等外扰修正后得到的喷水阀门开度信号,直接控制喷水阀的动作,起到前馈的作用,提高了系统克服扰动的能力。

3)主蒸汽温度的相位补偿回路。在喷水量的扰动下,蒸汽温度的响应有较大的相位滞后,因此在前向通道中加入一个相位补偿回路,如图 7-10 中的虚框所示。它实际上是由两个控制器、两个加法器组成的二阶导前—滞后环节。只要根据蒸汽温度对象的动态特性适当选择这些参数,就可以对主蒸汽温度与其设计的偏差进行相位滞后补偿,改善控制品质。

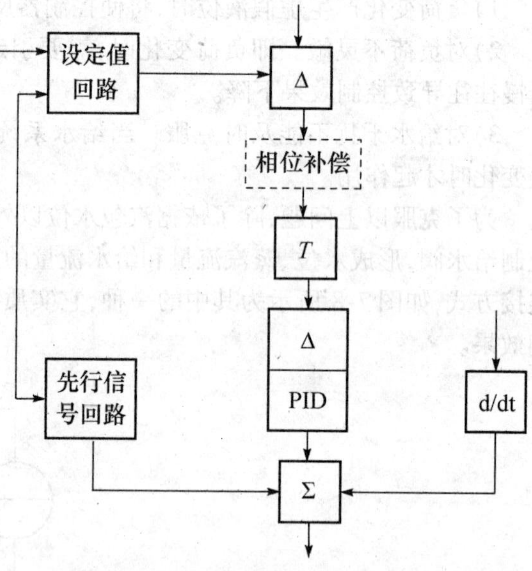

图 7-10 蒸汽温度控制系统实例简图

7.3.3 锅炉燃烧过程的控制

锅炉燃烧过程的控制与燃料的种类、燃烧设备以及锅炉的形式等有密切的关系。

1. *锅炉燃烧过程的主要控制系统*

锅炉燃烧过程主要包括以下三个方面的控制系统:①燃烧量控制;②送风控制;③负压控制。

2. *燃烧过程控制的基本要求*

1)保证出口蒸汽压力稳定,能按负荷要求自动增减燃料量。

2)保持锅炉有一定的负压,以免负压大小,造成炉膛内热气向外冒出,影响设备和工作人员安全。

3)保证燃烧状况良好既要防止空气不足使烟囱冒黑烟,也不要因空气过量而增加热量损失。

3. 燃烧过程控制系统示例

图 7-11 给出了燃烧控制系统的基本方案。

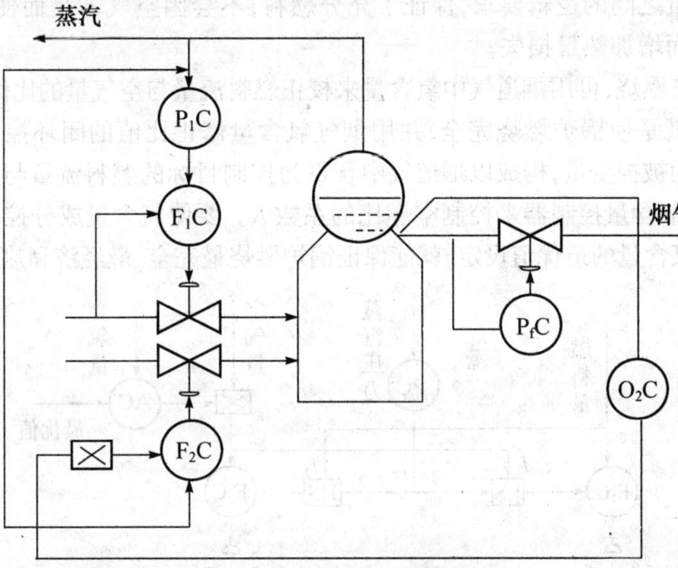

图 7-11　燃烧控制系统基本方案

蒸汽压力控制器 P_1C 的输出去改变燃烧料量控制器 F_1C 和进风量 F_2C 的设定值，使燃烧量和进风量成比例变化。氧量控制器 O_2C 的输出作为乘法器的一路输入，起到修改燃烧比的作用。该方案适用于燃烧量和进风量均能较好检测的情况。P_fC 是炉膛负压控制器。

图 7-12 给出了锅炉负压控制与防止锅炉的回火、脱火控制系统。引用蒸汽压力作为前馈信号，组成炉膛负压的前馈—反馈控制系统。背压控制器 P_2C 与蒸汽压力控制器 P_fC 构成选择性控制系统，用于防治脱火。由 PSA 系统带动连锁装置，防止回火。

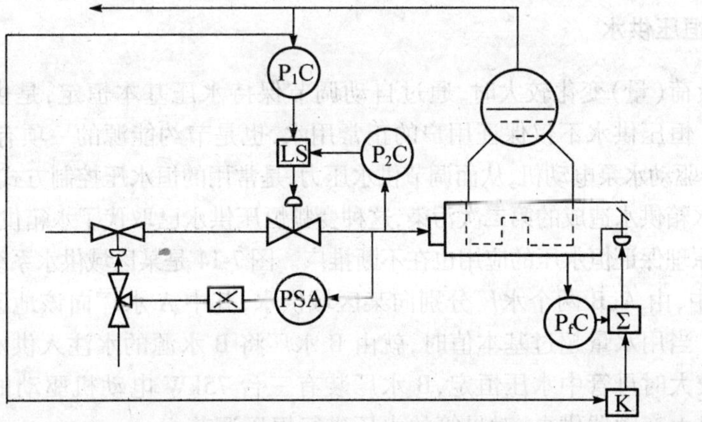

图 7-12　炉膛负压与安全保护系统

在锅炉燃烧系统中，燃料量和空气量需要满足一定的比值关系。为了使燃料完全燃烧，在提升负荷时，要求先提升空气量，后提升燃料量；在降低负荷时，要求先降低燃料量，后降低空气量。为此可采用选择性控制系统，设置低选器和高选器，保证燃料量只在空气量足够的情况下才能加大，在减燃料量时，自动减少空气量。从而在提升量的过程中，先提升空气量，后提升燃料量。反之，在系统降低量的过程中，则先降低燃料量，后降低空气量，从而实现了空气和燃料量之间的逻辑要求，保证了充分燃料，不会因空气不足而使烟囱冒黑烟，也不会因空气过剩而增加热量损失。

为了保证经济燃烧，可用烟道气中氧含量来校正燃料流量与空气量的比值，组成变比值控制系统。图 7-13 就是使锅炉燃烧完全，并用烟气氧含量修正比值的闭环控制方案。该方案中，氧含量 A_O 作为被控变量，构成以烟道气中含量为控制目标的燃料流量与控制硫量的变比值控制系统，通过氧含量控制器来控制空燃比的系数 K。要使氧含量成分控制器的给定值按正常负荷下烟气氧含量的最优值设定，就能保证锅炉燃烧最完全、最经济和热效率最高。

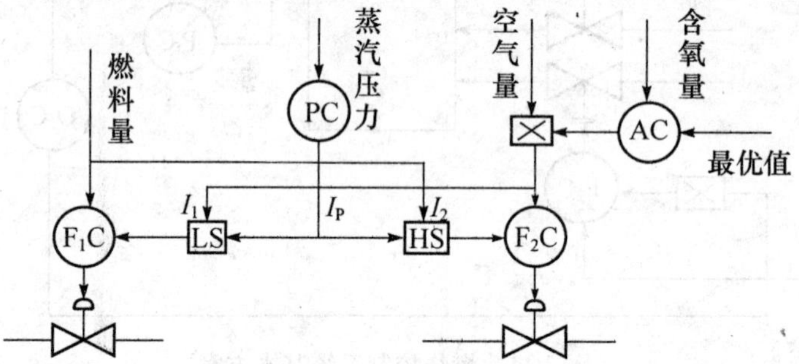

图 7-13　烟气含氧量闭环控制系统

7.4　恒压供水控制系统

恒压供水系统是当前供水系统中最常用的供水控制方式，本节简单介绍恒压供水系统的工艺原理，然后以三菱的触摸屏和 PLC 自动控制系统为例介绍恒压供水系统的组成、硬件选型、软件编写注意事项等。

7.4.1　恒压供水

在用水负荷(量)变化较大时，通过自动调节保持水压基本恒定，是供水系统的一项重要技术指标。恒压供水不仅保证用户的正常用水，也是节约能源的一项有效手段。

用变频器驱动水泵电动机，从而调节供水压力，是常用的恒水压控制方式。在大楼供水系统中，为了防止水箱供水造成的第二次污染，这种变频恒压供水已取代了水箱供水。在其他供水系统中，按这种原理保证恒水压的应用也在不断推广。图 7-14 是某区域供水系统的示意图。

图 7-14 中，由 A、B 两个水厂分别向某区域供水，其中 A 水厂向该地区用户提供固定的基本供水量。当用水量超过基本值时，就由 B 水厂将 B 水源的水注入供水母管。为使在用水负荷变化较大时母管中水压恒定，B 水厂装有三台 75kW 电动机驱动的水泵。其中 1 号泵驱动电动机由变频器供电，对母管的水压进行恒压调节。

为使输出在 0 ~ 210kW 范围内连续调节，B 水厂中三台水泵按下面程序切换：当 1 号泵电动机速度达到最高时(此时变频器输出频率为 50Hz)，若母管水压还没达到目标值(恒定值)，就启动 2 号泵电动机。此时，1 号泵电动机转速自动下降。当 2 号泵电动机启动结束后，1 号泵电动机的转速由母管中水压决定。当 1、2 号泵电动机均匀额定转速时，若水压还没到目标值，则 3 号泵电动机启动。反之，若用水量少，水压超过目标值，则先停 3 号泵，继

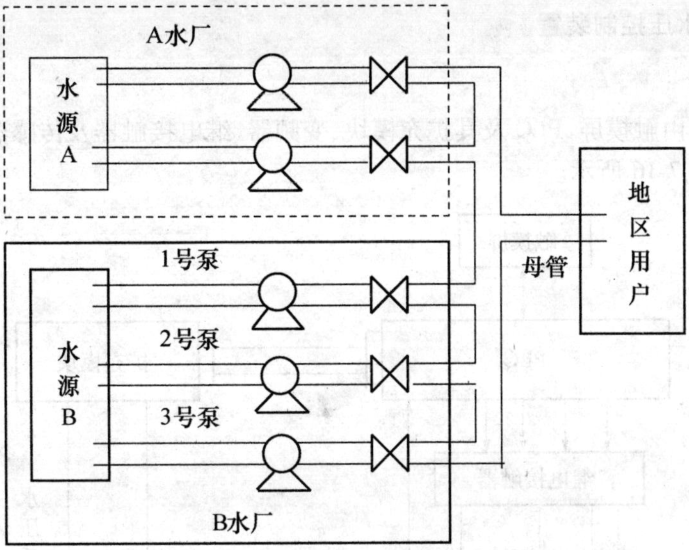

图 7-14　某区域供水系统示意图

而停 2 号泵。水泵的切换及水压调节流程如图 7-15 所示。

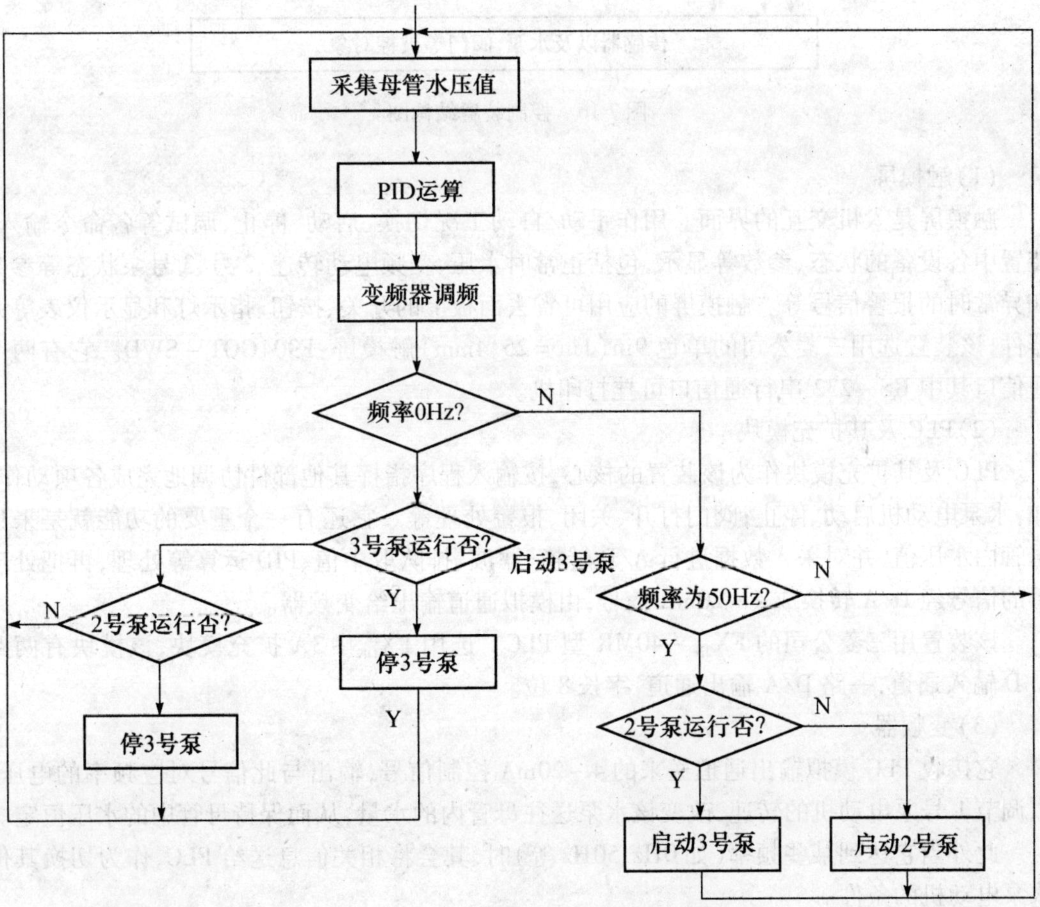

图 7-15　水泵切换及水压调节流程

7.4.2 恒水压控制装置

1. 硬件配置

本控制装置由触摸屏、PLC 及其扩充模块、变频器、继电接触器及传感器等元件组成，控制装置结构如图 7-16 所示。

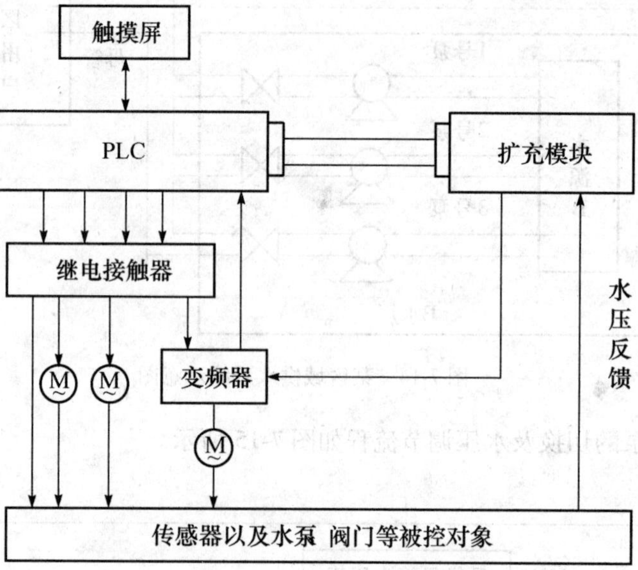

图 7-16 控制装置结构图

(1)触摸屏

触摸屏是人机交互的界面。用作手动/自动工况切换、启动、停止、调试等各命令输入；装置中各设备的状态、参数等显示，包括正常时水压、变频电动转速、2 号、3 号泵状态等参数和异常时的报警信号等。触摸屏的应用可省去面板上的开关、按钮、指示灯和显示仪表等元器件，该装置选用三菱公司的单色 9in(1in = 25.4mm)触摸屏：F904GOT - SWD。它有两个通信口其中 RS - 232 串行通信口可挂打印机。

(2)PLC 及其扩充模块

PLC 及其扩充模块作为该装置的核心，按输入程序指挥其他部件协调地完成各项动作。如：水泵电动机启动、停止；阀门打开、关闭、报警处理等。它还有一个重要的功能就是采集母管内水压值，并对采入数据进行 A/D 转换、滤波、排队取中值、PID 运算等处理，再把处理后的信号经 D/A 转换成 4 ~ 20mA 信号，由模拟通道输出给变频器。

该装置用三菱公司的 FX_{2N} - 40MR 型 PLC。选用 FX_{0N} - 3A 扩充模块，该模块有两路 A/D 输入通道，一路 D/A 输出通道，字长 8 位。

(3)变频器

它接收 PLC 模拟输出通道送来的 4 ~ 20mA 控制信号，输出与此信号对应频率的电压，以调节 1 号泵电动机的转速，改变该水泵送往母管内的水量，从而保持母管中的水压恒定。

此外当它达到某些频率(如 0Hz、50Hz 等)时，其会将相关信息送给 PLC，作为切换其他水泵电动机的条件。

该装置选用富士电机公司生产的 FRN75G11S - 4GX 型变频器。这种变频器适用于对水泵电动机的控制。

(4)压力传感器(带变送器)

它把母管中的水压转变成 4～20mA 信号作为被控参数的反馈值,经 PLC 扩充模块中的输入通道后被采入。

该装置选用的是 Honeywell 公司生产的 Eclipse 型压力传感器。它安装在导引管一端,导引管另一端固定在母管上。

2. 软件要点

(1)F940GOT 型触摸屏的编程

制作画面时,为充分发挥触摸屏功能,应先对其运行环境进行设定,然后再进入主菜单设置。运行环境包括选用文字、所连接的 PLC 型号、画面切换条件、时钟等。触摸屏设定内容及步骤如图 7-17 所示。

(2)扩充模块 FX_{ON}－3A 的编程注意点

1)由于该装置只用一块扩充模块,其模块编号为“0”所在在编定 A/D、D/A 程序时应先确定该模块是 0 号模块。

2)A/D 通道。先核对模块号与通道号后,先对该通道的增益和零点进行设定,再确定采样平均值的次数,采样速率等参数。

3)D/A 通道。先核对模块号与通道号,再用“TO”指令把数据送到对应输出通道。该 D/A 的字长为 8 位,一次发送即可。若用 12 位字长 D/A,就要分两次发送。先送低 8 位,接着发保持此值指令,然后再送高 4 位。之后才能转换成模拟信号。

4)PID 指令应用。FX2N 有一条 PID 运算功能指令。当用平均值作为滤波方法时,可直接应用此指令。

7.4.3　其他方案

实现此供水系统的恒压调节还有其他方案。把 PLC 与通用调节器或控制仪表相结合是常用的一种。

此时,通用调节器代替了本例中 PLC 的模拟量输入/输出扩充模块,水压的恒定由通用调节器完成。母管内的水压信号被送入调节器,调节器完成 PID 运算把调整值输出送往变频器,并经通信口把一批主要住处(采样时间、被测压力、调节参数等)送给 PLC,处理后显示在触摸屏上。调节器本身带简易显示器(数显和指示灯等),也能显示一些简单信息。在此,PLC 虽不参与压力调节,但整个系统仍由它控制,如:启动、停止、水泵电动机的切换等。

在只有单水泵的恒水压控制装置中,如大楼变频恒水压供水系统,也可省去 PLC 用最简单的配置。此时,装置主要由调节器与变频器组成,再配些按钮和指示灯。这种可取代水箱供水的简易变频供水装置已被推广应用。

本章小结

在应用自动控制的原理和方法对系统进行分析和设计时,首先要搞清楚被控对象和过程的工艺要求,弄清楚系统中哪个是控制量、哪个是被控制量、哪些是扰动、哪些是反馈量;搞清楚这些量之间相互影响的规律;然后据此选择性价比较高的硬件进行系统集成;再进行系统软件的编写;最后进行整个系统的调试。

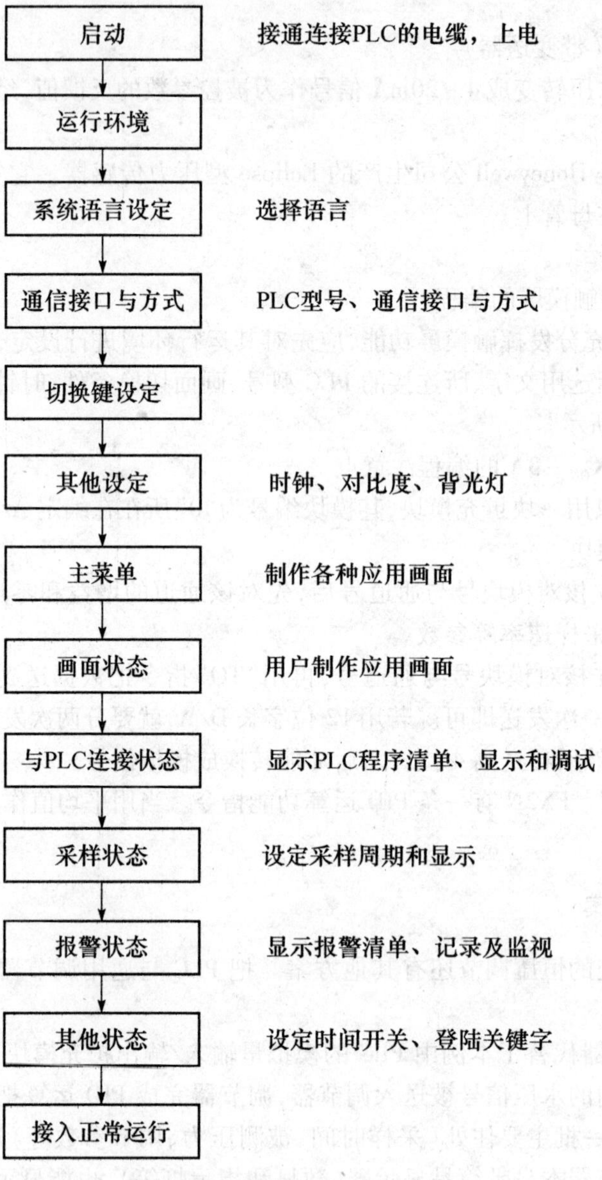

图 7-17　触摸屏设定内容及步骤

习　题

7-1　分体单冷空调自动控制系统的控制器是正作用还是反作用？请分别另外举出一个反作用的控制系统和一个正作用的控制系统，并画出系统方框图，指出输入量、输出量，说明系统工作原理。

7-2　查资料说明什么叫做串级控制系统；它有什么优缺点？说明图 7-8 系统的工作原理。

7-3　试说明图 7-16 中各个模块之间的关系。

参考文献

[1]薛安克,彭冬亮,陈雪亭．自动控制原理(第二版)[M]．西安:西安电子科技大学出版社,2007.

[2]宋丽蓉．自动控制原理[M]．北京:机械工业出版社,2007.

[3]居滋培．过程控制系统及其应用[M]．北京:机械工业出版社,2005.

[4]李素玲．自动控制原理[M]．西安:西安电子科技大学出版社,2007.

[5]孙虎章．自动控制原理修订版[M]．北京:中央广播电视大学出版社,2009.

[6]潘丰,徐颖秦．自动控制原理[M]．北京:机械工业出版社,2010.

[7]王诗宓,杜继宏,杜曰轩．自动控制理论例题习题集[M]．北京:清华大学出版社,2002.

[8]陆文．控制理论基础[M]．北京:清华大学出版社,2008.

[9]周武能．自动控制原理[M]．北京:机械工业出版社,2011.

[10]张冬妍,周修理．自动控制原理[M]．北京:机械工业出版社,2011.

[11]杨智,范正平．自动控制原理[M]．北京:清华大学出版社,2010.

[12]胡寿松．自动控制原理(第四版)[M]．北京:科学出版社,2005.

[13]邹伯敏．自动控制理论(第三版)[M]．北京:机械工业出版社,2011.

[14]李友善．自动控制原理(第三版)[M]．北京:国防工业出版社,2005.

[15]孙亮,杨鹏．自动控制原理[M]．北京:北京工业大学出版社,1999.

[16]晁勤,傅成华,王军,陈华．自动控制原理[M]．重庆:重庆大学出版社,2001.

[17]张彬．自动控制原理[M]．北京:北京邮电大学出版社,2002.

[18]焦小澄,朱张青．工业过程控制[M]．北京:清华大学出版社,2011.

[19]潘立登．过程控制[M]．北京:机械工业出版社,2008.